Wael A. Elaily
Abdel-Mohsen S. Ismail
Ahmed M. Aboul-Enein

Estudos bioquímicos sobre as enzimas da planta egípcia Silybum Marianum

Wael A. Elaily
Abdel-Mohsen S. Ismail
Ahmed M. Aboul-Enein

Estudos bioquímicos sobre as enzimas da planta egípcia Silybum Marianum

Enzimas vegetais para a indústria alimentar e médica

ScienciaScripts

Imprint
Any brand names and product names mentioned in this book are subject to trademark, brand or patent protection and are trademarks or registered trademarks of their respective holders. The use of brand names, product names, common names, trade names, product descriptions etc. even without a particular marking in this work is in no way to be construed to mean that such names may be regarded as unrestricted in respect of trademark and brand protection legislation and could thus be used by anyone.

Cover image: www.ingimage.com

This book is a translation from the original published under ISBN 978-3-639-71337-4.

Publisher:
Sciencia Scripts
is a trademark of
Dodo Books Indian Ocean Ltd. and OmniScriptum S.R.L publishing group

120 High Road, East Finchley, London, N2 9ED, United Kingdom
Str. Armeneasca 28/1, office 1, Chisinau MD-2012, Republic of Moldova, Europe
Managing Directors: Ieva Konstantinova, Victoria Ursu
info@omniscriptum.com

Printed at: see last page
ISBN: 978-620-8-58006-3

ABSTRACT

Uma enzima coagulante do leite potente e aplicável foi extraída de diferentes partes da planta selvagem egípcia *Silybum marianum*. O extrato de sementes foi o mais eficiente e exibiu a maior atividade de coagulação do leite e a menor ação proteolítica. A purificação parcial do extrato de sementes da enzima foi realizada por precipitação sequencial e descontínua com diferentes agentes precipitantes, ou seja, sulfato de amónio, etanol e acetona. A fração enzimática precipitada a 50% de saturação de sulfato de amónio foi a mais promissora e possuía todas as propriedades operacionais desejáveis. As propriedades cinéticas óptimas registadas foram 6 $mg.ml^{-1}$ de proteína enzimática, 10% (w/v) de substrato (DSM), 20 mM $CaCl_2$, temperatura de reação de 55°C, pH de reação de 5,2, constante de Michaelis de 3,98 % (w/v) e velocidade máxima de 108,14 unidades de coagulação do $leite.min^{-1}$. A preparação enzimática parcialmente purificada foi aplicada com sucesso em diferentes amostras de leite fresco e seco, produzindo uma excelente coalhada de leite.

Palavras-chave: *Silybum marianum,* coalho vegetal, enzimas de coagulação do leite, fabrico de queijo, purificação parcial, propriedades cinéticas, coalhada de leite.

RECONHECIMENTO

Em primeiro lugar e antes de mais, os agradecimentos cordiais e ilimitados ao grande Alá, o Deus de todas as criaturas, que me permitiu ultrapassar todos os problemas e dificuldades com que me deparei antes e durante o trabalho.

Gostaria de expressar a minha profunda gratidão ao Professor ***Dr. Ahmed Mahmoud Aboul-Enein,*** *Professor de Bioquímica da Faculdade de Agricultura da Universidade do Cairo, pela sua ajuda constante e compassiva, orientação fiel, críticas frutuosas e revisão do manuscrito final.*

Gostaria também de registar o meu sincero sentimento de gratidão ao Professor ***Dr. Abdel-Mohsen Saber Ismail,*** *Professor de Química de Produtos Naturais e Microbianos, Centro Nacional de Investigação, que sugeriu o tema deste trabalho, pela sua ajuda fiel, desenhando muitos projectos experimentais e seguindo-os profundamente, também pela revisão crítica construtiva e preparação do manuscrito final.*

Sinto-me também imensamente grato e agradeço calorosamente ao ***Dr. Sayed Abdel Kβder Fayed,***

Ass. Professor de Bioquímica, Faculdade de Agricultura, Universidade do Cairo, pela sua orientação, conselhos gentis contínuos e supervisão do trabalho, o meu sincero sentimento de gratidão para com ele.

Gostaria de expressar o meu grande apreço ao ***Prf. Ahmed Ibrahem El-Diwany****, Professor de Química de Produtos Naturais e Microbianos, do Centro Nacional de Investigação, pela sua valiosa orientação e pela disponibilização de muitos recursos ao longo de todo o trabalho.*

Os meus agradecimentos são devidos às autoridades do Centro Nacional de Investigação por todas as facilidades concedidas e a todos os meus colegas do NRC pela sua amável ajuda e valiosa contribuição.

LISTA DE ABREVIATURAS

AP	:	Alkaline protease
DSM	:	Dry skim milk
EC	:	Enzyme commission number
EDTA	:	Ethylene diamine tetraacetic acid
V_{MAX}	:	Maximum enzyme velocity constant
K_m	:	Michaelis constant
MCA	:	Milk-clotting activity
MCE	:	Milk-clotting enzyme
MCF	:	Milk-clotting fraction
NC	:	No clotting
PA	:	Proteolytic activity
(M/P)	:	Mca/Pa Ratio
V	:	Reaction velocity
[S]	:	Substrate concentration
TCA	:	Trichloroacetic acid
U	:	Unit
BSA	:	Bovine serum albumin

ÍNDICE

CAPÍTULO 1

INTRODUÇÃO

As primeiras provas arqueológicas de fabrico de queijo foram encontradas em murais de túmulos egípcios, datados de cerca de 2000 a.C. (Ridgwell e Ridgway, 1986). A produção de queijo pode ter começado independentemente disso, com a prensagem e a salga do leite coalhado para o conservar. A observação de que o efeito da produção de leite no estômago de um animal produzia coalhada mais sólida e com melhor textura pode ter levado à adição deliberada de coalho.

Queijo é um termo genérico para um grupo diversificado de produtos alimentares à base de leite. É produzido em todo o mundo com uma grande variedade de sabores, texturas e formas. É constituído principalmente por proteínas e gorduras do leite, normalmente leite de vaca, búfalo, cabra ou ovelha, e é produzido por coagulação da proteína do leite (caseína). Normalmente, o leite é acidificado e a adição da enzima coalho provoca a coagulação. Os sólidos são separados e prensados até à forma final. Alguns queijos têm bolores na casca ou em toda a sua extensão. A maioria dos queijos derrete à temperatura de cozedura (Fankhauser, 2007). A nível mundial, o queijo é um dos principais produtos agrícolas. De acordo com a Organização das Nações Unidas para a Alimentação e Agricultura (FAO), foram produzidas mais de 18 milhões de toneladas métricas de queijo em todo o mundo em 2004. Isto representa cerca de três quilogramas por cada pessoa na Terra. O maior produtor de queijo são os Estados Unidos, responsáveis por 30% da produção mundial, seguidos pela Alemanha e França (USDA, 2008).

No Egito, a produção total de leite está estimada em 3,8 milhões de toneladas em 2002 e a população total de bovinos em cerca de 7,3 milhões e 8,2 milhões de ovinos e caprinos (SHOAT). Apesar do elevado número de ovinos e caprinos em comparação com os bovinos (vacas e búfalos), o fornecimento de leite provém exclusivamente dos bovinos, o que indica a possibilidade de utilizar o leite de ovinos e caprinos para a produção especializada de queijo. A produtividade do leite no Egito é baixa; entre 300 e 500 kg por vaca por ano. Os poucos segmentos industriais envolvidos na transformação de produtos lácteos são forçados a importar leite desnatado seco, e as importações egípcias de leite desnatado seco (DSM) atingiram um valor superior a 42 milhões de USD em dólares de 2003 (IMC, 2005). A principal razão para o fornecimento limitado de leite é a pequena fragmentação da produção leiteira e a falta de organização das unidades de recolha de leite (IMC, 2005). Apesar de ter a maior fábrica de processamento de queijo do mundo, o Egito continua a ser um importador líquido de queijo. As exportações de queijo do Egito (queijo de leite de vaca gordo) atingiram um nível recorde de 11,6 milhões de dólares em 2003, com importações de 15,6 milhões de dólares de queijo semelhante. No entanto, registou-se uma diminuição considerável das importações de queijo em 2003 (o nível mais baixo dos últimos 8 anos). As exportações de queijo branco do Egito podem atingir 450 milhões de dólares, enquanto as importações diminuem para 1,5 milhões de dólares até 2020 (IMC, 2005 e Selim, 2009).

O coalho animal (quimosina bovina) é convencionalmente utilizado como agente de coagulação do leite na indústria de lacticínios para o fabrico de queijos de qualidade com bom sabor e textura. Devido ao aumento da procura de produção de queijo a nível mundial, ou seja, 4% por ano nos últimos 20 anos, o que corresponde a cerca de 13,533 milhões de toneladas (Stanley, 1998), juntamente com a redução da oferta de coalho de vitelo devido à proibição do abate de vitelos para poupar riqueza animal. Por conseguinte, justificou-se a procura de novos substitutos para o coalho, como as enzimas microbianas e vegetais semelhantes à renina.

O Rennin actua sobre a proteína do leite em duas fases, por ação enzimática e por ação não enzimática, resultando na coagulação do leite. Na fase enzimática, o leite resultante (para-caseína) torna-se um gel devido à influência dos iões de cálcio e à temperatura utilizada no processo (Bhoopathy, 1994).

A utilização de coagulantes vegetais contribui para melhorar a ingestão nutricional das pessoas cuja utilização de coalho animal é limitada (Gupta e Eskin, 1977). O coalho microbiano produzido por bactérias e bolores geneticamente modificados provou ser um substituto adequado para o coalho animal, apesar das elevadas restrições impostas aos produtos de engenharia genética. Por conseguinte, tem sido dada uma atenção crescente ao coalho natural extraído de plantas como as enzimas mais seguras e disponíveis (Tavaria *et al.*, 2001).

Os coagulantes vegetais revestem-se de um interesse crescente, uma vez que a utilização de coalho animal pode ser limitada devido à proibição do abate de vitelos, como já foi referido, e também devido a restrições religiosas relacionadas com a proibição da carne de porco e de outras partes no Islão e no Judaísmo. Além disso, a utilização de coalho de vitelo recombinante é proibida na Alemanha, em França e nos Países Baixos (Roseiro *et al.*, 2003).

CAPÍTULO 2
REVISÃO DA LITERATURA

1. Leite

O leite é conhecido como o alimento mais completo da natureza (Gobbetti *et al.* 2007). É um fluido segregado pela fêmea de todos os mamíferos e importante para a função de satisfazer as necessidades nutricionais completas do neonato da espécie. Ele deve fornecer energia, aminoácidos, vitaminas e minerais. Assim, o leite fornece proteínas de boa qualidade, açúcares, cálcio e vitaminas, nomeadamente vitamina A, riboflavina, niacina e ácido fólico, pelo que ajuda a equilibrar a alimentação humana. Por isso, o leite é um alimento ideal tanto para bebés como para adultos (Tamime, 2006). Para além disso, todas as funções fisiológicas são desempenhadas pelos constituintes do leite. O leite contém várias moléculas bio-protectoras que garantem a segurança da saúde humana, incluindo substâncias antimicrobianas (imunoglobulinas, lactoperoxidase e lactotransferrina), enzimas e inibidores enzimáticos, proteínas transportadoras de vitaminas (Fox *et al.*, 2000).

A utilização do leite de diferentes espécies depende das condições geográficas. Existem mais de 4.000 espécies como fontes de leite (Fox *et al.*, 2000). As vacas são há muito tempo a principal espécie leiteira em muitas regiões do mundo. Os búfalos contribuem significativamente para a produção de leite no subcontinente indiano e no Egito. A ovelha e a cabra são importantes nas regiões mediterrânicas, em partes do Médio Oriente e em algumas regiões de África. O camelo é uma importante fonte de leite nas regiões desérticas do Norte e Este de África e do Médio Oriente (Tamime, 2006).

A composição do leite das espécies produtoras de leite difere umas das outras (Tabela 1, Hurley e Walter, 2009). Para além da espécie, a localização geográfica e as necessidades dos recém-nascidos afectam a composição do leite (Tamime e Adnan, 2006). Além disso, a constituição genética de cada espécie, a idade da espécie, o estágio da lactação, o tempo de ordenha, algumas doenças, as estações do ano e o movimento influenciam a composição do leite (Uçuncu, 2005).

Tabela 1. Composição química (%, w/w) do leite de diferentes espécies (Hurley e Walter, 2009).

Species	Fat	Protein	Lactose	Minerals	Total solids
Antelope	1.3	6.9	4.0	1.3	25.2
Bison	1.7	4.8	5.7	0.96	13.2
Buffalo	10.4	5.9	4.3	0.8	21.5
Camel	4.9	3.7	5.1	0.7	14.4
Cow (Holstein)	3.5	3.1	4.9	0.7	12.2
Cow (Guernsey)	5.0	3.8	4.9	0.7	14.4
Cow (Jersey)	5.5	3.9	4.9	0.7	15.0
Dolphin	14.1	10.4	4.9	-	30.4
Goat	3.5	3.1	4.6	0.79	12.0
Donkey	1.2	1.7	6.9	0.45	10.2
Horse	1.6	2.7	6.1	0.51	11.0
Human	4.5	1.1	6.8	0.2	12.6
Pig	8.2	5.8	4.8	0.63	19.9
Reindeer	22.5	10.3	2.5	1.4	36.7
Seal	53.2	11.2	2.6	0.7	67.7
Sheep	5.3	5.5	4.6	0.9	16.3
Whale	34.8	13.6	1.8	1.6	51.2

a. Colostro

O colostro é o primeiro leite que um mamífero produz após a gravidez. Esta secreção de colostro não dura muito tempo; pelo contrário, é criada para o recém-nascido, para lhe dar nutrientes vitais, anticorpos e outros factores de que necessita logo após o nascimento. Por isso, após alguns dias, a produção de colostro praticamente pára (Whitney e Rolfes, 1999).

Então, o que é que torna o colostro especial para indivíduos adultos. Na verdade, através de centenas de anos de uso e mais de 1.000 estudos clínicos, o colostro demonstrou ser seguro e eficaz para uma variedade de condições clínicas. Estas incluem doenças virais, alergias e doenças auto-imunes, doenças cardíacas, cancro, programas de perda de peso, stress atlético, síndrome do intestino solto, cicatrização de feridas e reparação e crescimento muscular (Rona, 1998).

b. Componentes bioactivos do leite

O leite contém uma vasta gama de proteínas que proporcionam proteção contra enteropatógenos ou são essenciais para o fabrico e a natureza caraterística de certos produtos lácteos (Korhonen e Pihlanto - Leppala, 2001). Foi demonstrado que o leite contém uma série de bioactividades, que alargam a gama de influência da mãe sobre os jovens para além da nutrição (Gobbetti *et al.*, 2007). Os péptidos encontram-se num estado latente ou inativo no interior das moléculas de proteínas, mas podem ser libertados durante a digestão enzimática. Os péptidos biologicamente activos libertados das caseínas e das proteínas do soro de leite contêm 3 a 20 aminoácidos por molécula (Korhonen e Pihlanto - Leppala, 2001). Na última década, os investigadores demonstraram que estes péptidos bioactivos possuem funcionalidades biológicas muito importantes, incluindo actividades antimicrobianas, anti-hipertensivas, antioxidativas, anticitotóxicas, imunomoduladoras, opióides e de transporte de minerais. Uma representação esquemática simples dos principais compostos funcionais bioactivos derivados do leite é apresentada na Figura 1.

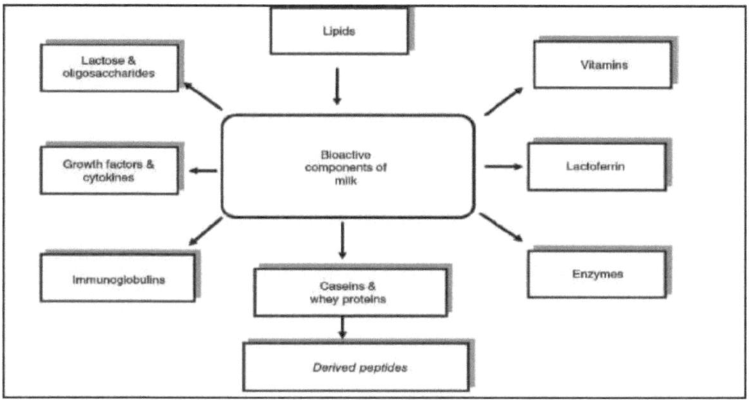

Fig. 1. Representação esquemática dos principais compostos funcionais bioactivos derivados do leite.

c. Caseínas do leite.

As caseínas representam 80% (p/p) do total de proteínas no leite de vaca e são, portanto, a classe mais abundante de proteínas do leite. As caseínas são uma classe de fosfoproteínas cujas propriedades diferem consideravelmente da maioria das outras proteínas; são hidrofóbicas, têm uma carga relativamente elevada e contêm muitos resíduos de prolina e apenas alguns resíduos de cisteína. As caseínas têm pouca estrutura terciária, com apenas pequenas regiões α-helicoidais presentes. O leite de vaca contém quatro tipos de caseínas, denominadas α_{s1}, α_{s2}, β- e κ-caseína, que ocorrem numa proporção de 4:1:4:1,6, respetivamente.

Das caseínas do leite de vaca, a α_{s1}-caseína tem a carga mais elevada; é constituída por 199 aminoácidos, tem uma massa molecular de 23,6 kDa e contém oito resíduos de fosfoserina por molécula (Martin *et al.*, 2003). A α_{s1}-Caseína apresenta uma auto-associação progressiva em dímeros, tetrâmeros, hexâmeros, etc. O grau de associação depende fortemente do pH e da força iónica. A α_{s1}-Caseína é facilmente precipitada pela adição de cálcio (Swaisgood, 2003). α_{s2}-A caseína, a menos abundante das caseínas no leite de vaca, é a menos hidrofóbica e a mais altamente e variavelmente fosforilada das caseínas (Creamer, 2003). A α_{s2}-Caseína consiste em 207 resíduos de aminoácidos (Martin *et al.*, 2003), resultando numa massa molecular de 25,2 kDa (Ng-Kwai-Hang, 2003). A estrutura da α_{s2}-caseína é caracterizada por domínios distintos de elevada carga (Swaisgood, 2003). Estudos de associação mostraram que a α_{s2}-caseína se comporta de forma muito semelhante à α_{s1}-caseína (Creamer, 2003).

A β-caseína é a mais hidrofóbica das caseínas e contém um grande número de resíduos de prolina, tem uma extremidade C-terminal hidrofílica e uma extremidade N-terminal muito hidrofóbica (Creamer, 2003). É constituída por 209 resíduos de aminoácidos (Martin *et al.*, 2003) e tem uma massa molecular de 24,0 kDa (Creamer, 2003).

A β-caseína é facilmente clivada pela plasmina, a proteinase indígena do leite, levando à formação de γ-caseínas e peptonas proteicas. A β-caseína precipita-se na presença de cálcio e, a uma temperatura >5° C, as moléculas de β-caseína sofrem auto-associação, levando à formação de micelas (O'Connell *et al.*, 2003).

A κ-caseína difere muito das outras caseínas, principalmente porque é a única das caseínas que é glicosilada. No leite de vaca, cerca de dois terços das moléculas de κ-caseína são glicosiladas; os grupos de hidratos de carbono do leite incluem galactosamina, galactose e resíduos de ácido N-acetilneuramínico. A κ-caseína é anfifática, com uma extremidade N-terminal muito hidrofóbica e uma extremidade C-terminal bastante hidrofílica, que desempenha um papel importante na estabilização das micelas de caseína. A κ-caseína é constituída por 169 resíduos de aminoácidos e tem um peso molecular de 19,0 kDa (Creamer, 2003). Ao contrário das outras caseínas, a κ-caseína não é sensível ao cálcio, mas, tal como a κ-caseína, tende a formar micelas em solução (Swaisgood, 2003).

1. Micelas de caseína.

A caseína é constituída por um número bastante elevado de péptidos de prolina, que não interagem entre si. Também não existem pontes dissulfureto e, como resultado, tem relativamente pouca estrutura terciária. É relativamente hidrofóbico, o que o torna pouco solúvel em água. Encontra-se no leite como uma suspensão de partículas chamadas micelas de caseína, que mostram alguma semelhança com micelas do tipo surfactante, no sentido de que as partes hidrofílicas residem na superfície. As moléculas de caseína nas micelas são mantidas juntas por iões de cálcio e interações hidrofóbicas.

A maioria das caseínas no leite de vaca não existe em solução, mas na forma de micelas de caseína. Estas micelas são altamente hidratadas (3 g H_2O $g_{\wedge}^{1}$ proteína) e também contêm constituintes minerais inorgânicos (principalmente cálcio e fosfato, mas também algum magnésio e citrato, coletivamente referidos como fosfato de cálcio micelar - MCP). As micelas de caseína têm uma massa molecular média de 108 kDa, com um raio que varia de 50 a 300 nm (média de 100 nm).

Vários modelos explicam a conformação especial da caseína

nas micelas (Dalgleish, 1998). Um deles propõe que o núcleo micelar é formado por várias submicelas, sendo a periferia constituída por microvelosidades de κ-caseína (Walstra, 1979 e Lucey, 2002). Outro modelo sugere que o núcleo é formado por fibrilhas interligadas de caseína (Holt, 1992). O modelo mais recente (Horne, 1998) propõe uma ligação dupla entre as caseínas para que a gelificação tenha lugar. Os três modelos consideram as micelas como partículas coloidais formadas por agregados de caseína envolvidos em moléculas solúveis de κ-caseína. O ponto isoelétrico da caseína é 4,6. Uma vez que o pH do leite é 6,6, a caseína tem uma carga negativa no leite. A caseína purificada é insolúvel em água, embora também seja insolúvel em soluções salinas neutras, é facilmente dispersável em álcalis diluídos e em soluções salinas, como o oxalato de sódio e o acetato de sódio.

O queijo é constituído por proteínas e gordura do leite, geralmente de vaca, búfalo, cabra ou ovelha, e é produzido por coagulação da caseína. Normalmente, o leite é acidificado e depois coagulado pela adição de coalho, uma enzima proteolítica tipicamente obtida a partir do estômago de vitelos. Os sólidos são separados e prensados até à sua forma final (Fankhauser, 2007).

Ao contrário de muitas proteínas, a caseína não é coagulada pelo calor. Durante o processo de coagulação, as proteases de coagulação do leite actuam na porção solúvel das caseínas, a κ-caseína, originando assim um estado micelar instável que resulta na formação do coágulo. Quando coagulada com quimosina, a caseína é por vezes designada por paracaseína. A quimosina (EC 3.4.23.4) é uma protease aspártica que hidrolisa especificamente a ligação peptídica em Phe105-Met106 da κ-caseína, e é considerada a protease mais eficiente para a indústria queijeira (Rao *et al.*, 1998). Por outro lado, a terminologia britânica utiliza o termo caseinogénio para a proteína não coagulada e caseína para a proteína coagulada. A caseína existe no leite, sob a forma de sal de cálcio.

Além disso, a representação da estrutura das micelas de caseína é mostrada na Fig. 2 como o modelo "sub-micela de caseína". Este modelo evoluiu a partir de vários modelos anteriores. É muito difícil imaginar exatamente o aspeto da micela. No entanto, os cientistas conceberam muito sobre a micela a partir do seu comportamento e qualquer modelo tem de ter em conta todos os factos conhecidos. Este modelo, que tinha cerca de 20 anos, baseia-se na inclusão de muitos factos conhecidos sobre o comportamento da micela de caseína (Walstra, 1999).

Não há uma aceitação universal do seguinte modelo entre os cientistas de lacticínios; de facto, há cada vez mais provas de que não existem submicelas de caseína bem definidas, mas sim uma estrutura mais aberta e fluida, talvez um modelo do tipo "taça de esparguete". O grande problema com o modelo anterior era a distribuição do fosfato de cálcio, e é certamente aparente agora que o fosfato de cálcio existe mais uniformemente distribuído por toda a micela, portanto, com base no modelo acima, tanto dentro como fora das submicelas.

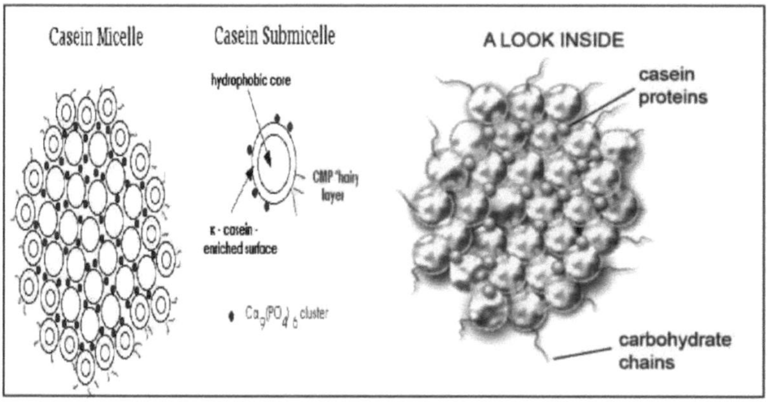

Fig. 2. Modelo de micelas e submicelas de caseína (Walstra, 1999).

2. Produtos lácteos.

O leite é um alimento nutritivo para o ser humano, mas é também um meio adequado para os microrganismos e pode estragar-se facilmente. Por conseguinte, para aumentar a sua resistência e obter diferentes produtos lácteos nutritivos, o leite é transformado em diferentes produtos, como a manteiga, o queijo, os leites secos, os gelados e o leite condensado. O leite, o queijo e o iogurte fornecem os seguintes nutrientes benéficos em quantidades variáveis: cálcio, fósforo, magnésio, proteínas, vitamina B12, vitamina A, zinco, riboflavina, folato, iodo e vitamina C. Também têm benefícios para a saúde, como ossos e dentes saudáveis, libertação de energia, função muscular saudável, crescimento e reparação, produção de células saudáveis, boa visão e função imunitária, bom sistema imunitário, pele saudável, produção de células saudáveis, formação de tecidos conjuntivos saudáveis e regulação da taxa de metabolismo do corpo (The Dairy Council, 2009).

a. Fabrico de queijo.

O fabrico de queijo é um método muito antigo de conservação do leite. Quando o leite fresco azeda, a caseína agrega-se e forma-se um gel. A separação do soro de leite ocorre geralmente quando o leite gelificado ou coagulado é conservado durante algum tempo. Estas etapas estão na origem do fabrico do queijo. No entanto, durante séculos, o leite também foi coagulado através da adição de agentes específicos, especialmente coalho, um extrato de estômago de vitelo, e culturas de fermento (Walstra *et al.*, 2006).

Existem inúmeras variedades de queijo que têm vários processos diferentes. As variações numa ou mais etapas durante a produção de queijo causam diferentes texturas e sabores, caraterísticas desejadas (Gunasekaran *et al.*, 2003). No entanto, a coagulação, a sinérese, a moldagem e a maturação são passos essenciais para quase todas as variedades de queijo. A maioria dos queijos produzidos em todo o mundo é fabricada com coalho.

A utilização de coalho no fabrico de queijo foi uma das primeiras aplicações de enzimas exógenas no processamento de alimentos, datando de pelo menos 6000 a.C., e é provavelmente ainda a maior aplicação única de enzimas na tecnologia alimentar. Nos últimos anos, as proteinases encontraram algumas novas aplicações na tecnologia dos lacticínios, por exemplo, a aceleração da maturação do queijo, a modificação das propriedades funcionais e a preparação de produtos dietéticos (Fox, 1993). Várias proteinases podem coagular o leite em condições adequadas e, de acordo com Uçuncu, (2004), as enzimas de coagulação do leite são de origem animal, vegetal ou microbiana.

O seguinte diagrama de fluxo simplificado (Fig. 3) mostra o etapas fundamentais aplicadas no fabrico do queijo natural:

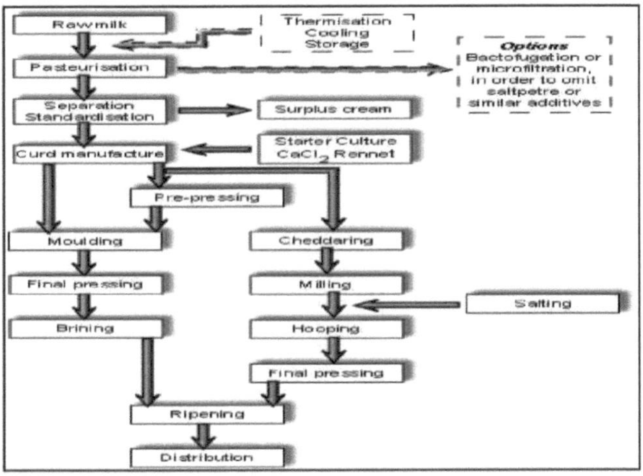

Fig. 3. Diagrama de fluxo para o fabrico de queijo natural (New Standard Encyclopedia, 1997).

Além disso, outro fluxograma (Arizona Cheese Company Products, www.milknmore.net e http://www.arizonacheese.com) é apresentado abaixo (Fig. 4). Esclarece a linha de produção típica da fábrica para o fabrico de queijo tipo cheddart:

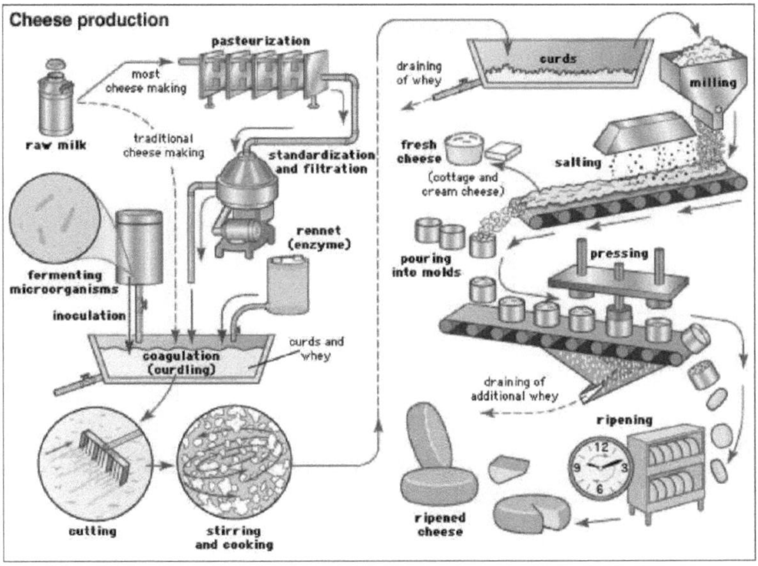

Fig. 4. Fluxograma de produção de queijo (http://www.arizonacheese.com & www.milknmore.net).

3. Fontes de enzimas de coagulação do leite

As enzimas de coagulação do leite estão presentes em animais, plantas e micróbios. As fontes destas enzimas comuns podem ser classificadas da seguinte forma:

a. Fontes animais

O coalho, que é um derivado animal, é extraído da mucosa interna do quarto estômago (abomaso) de um vitelo jovem não desmamado ou de uma cabra. O coalho contém uma enzima chamada renina, que tem a propriedade de coagular o leite para formar uma coalhada sólida (Carroll e Ricky, 1994). O coalho animal é preparado através da extração do tecido gástrico seco (normalmente) ou salgado (referido como véu) com 10% (w/v) de NaCl e 1% (w/v) de ácido bórico. Para este processo de extração, o pH é ajustado para 4,7 com solução de HCl. Este processo dura cerca de 6-7 dias a 17-20°C. A pepsina é também uma proteinase de origem animal, mas tem uma elevada atividade proteolítica, o que não é desejado pelos produtores de queijo. A pepsina aumenta no estômago do animal após o consumo de alimentos sólidos por bezerros ou cabras jovens (Uçuncu, 2005). Para além do vitelo, muitos outros animais, incluindo o cordeiro, a cabra, o porco, o bovino, o coelho, o camelo e a galinha, contêm a enzima quimosina nos seus sistemas digestivos (Metin, 1998). Foram utilizados extractos de abomaso de camelo adulto para coagular o leite de vaca com sucesso (ElAbassy e Wahba, 1986 e El-Batawy *et al.*, 1987). O extrato de coalho de camelo coagulou o leite de camelo ligeiramente melhor do que o leite de vaca, enquanto que o extrato de coalho de vitelo coagulou o leite de camelo menos facilmente. A fração de quimosina do extrato de coalho de vitelo tinha muito pouca atividade no leite de camelo, enquanto a fração de pepsina o coagulava muito mais rapidamente do que o leite de vaca (Wangoh *et al.*, 1993).

O coalho de vitelo comercial é constituído principalmente por duas enzimas proteolíticas: a quimosina (EC 3.4.23.4) e a pepsina. A proporção relativa das duas enzimas varia consoante a idade do animal. O principal componente coagulante do leite do coalho normal é a quimosina (88 a 94%), embora o coalho animal maduro possa conter até 90 a 94% de pepsina e apenas 6 a 10% de quimosina (Broome e Limsowtin, 1998). A pepsina de frango é a menos adequada de todas e só é utilizada em circunstâncias especiais. A pepsina bovina dá resultados geralmente satisfatórios no que respeita ao rendimento e à qualidade do queijo (Fox, 1993).

Em comparação com a quimosina, a pepsina tem uma série de desvantagens, tais como um tempo de coagulação mais longo, a formação de uma coalhada mole e um sabor indesejável. Outro fator importante no que diz respeito à tecnologia do queijo é o poder de coagulação das enzimas proteolíticas. A atividade de coagulação afecta as propriedades da coalhada, tais como a firmeza ou a suavidade, durante o processamento (Uraz, 1979). A quimosina é bilobular, com Asp 32 e Asp 215 a atuar como resíduos catalíticos. A quimosina A e a quimosina B têm um pH ótimo de 4,2 e 3,8, respetivamente, e actuam para iniciar a coagulação do leite através da clivagem (p/v) da κ-caseína entre Phe 105 e Met 106 (Danley e Geoghegan, 1988). A quimosina bovina, uma aspartil protease extraída do abomaso de vitelos em aleitamento, é segregada na sua forma natural como um precursor inativo, a proquimosina, que é irreversivelmente convertida em quimosina ativa através de uma proteólise limitada. A quimosina é utilizada como agente de coagulação do leite no fabrico de queijo. Esta enzima possui uma atividade de coagulação do leite muito elevada com uma baixa atividade proteolítica, o que torna a quimosina particularmente adequada para o fabrico de queijo (Beppu, 1983).

A quimosina, também conhecida como renina, é produzida pelas células principais que se encontram no estômago. Estas células principais segregam uma enzima inactivada ou zimogénio chamado pró-renina. Quando a pró-renina é exposta a um ambiente altamente ácido no interior do estômago (1M-HCl), é clivada naquilo que conhecemos como quimosina. A quimosina é uma enzima catabólica responsável pela conversão catalítica da proteína do leite caseinogénio em paracaseína, que é precipitada no estômago como um sal de cálcio. Este precipitado forma uma coalhada firme no estômago dos mamíferos jovens que assegura a permanência do leite no estômago para que possa ficar exposto às acções das enzimas proteolíticas e do suco gástrico altamente ácido (Visser *et al.*, 1988). Os autores anteriores acrescentam que a quimosina pertence à família das proteases conhecidas como aspartil proteinases. Têm a sequência altamente conservada de Asp-Thr-Gly. A quimosina existe em duas isoenzimas, a quimosina A e a quimosina B. A diferença entre estas duas é que a quimosina A tem um Asp em 244, enquanto a quimosina B tem um Gly. Esta diferença causa uma maior afinidade da quimosina A para a κ-caseína através da estabilização eletrostática adicional do complexo κ-caseína-quimosina A.

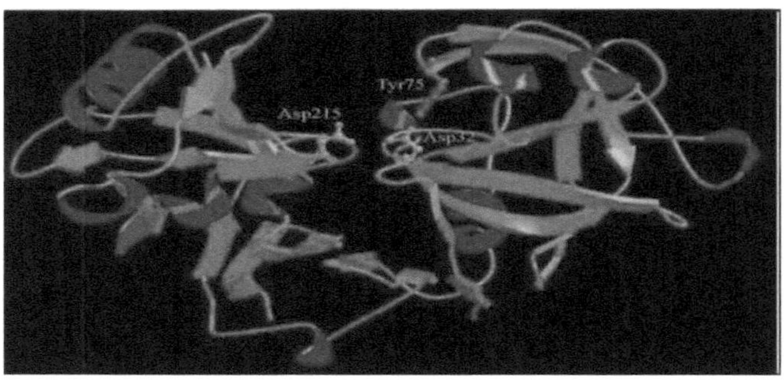

Fig.5. Estrutura da quimosina.

As enzimas de espécies marinhas também têm sido estudadas para potenciais utilizações na indústria alimentar (Haard, 1992). Nos últimos anos, foi possível recuperar e caraterizar enzimas de peixes e invertebrados aquáticos e surgiram algumas aplicações interessantes e novas dessas enzimas no processamento de alimentos (Shahidi e Kamil,

2001). O interesse no isolamento de enzimas proteolíticas de espécies marinhas está a aumentar, especialmente como possíveis substitutos de enzimas de coagulação do leite, para além de acelerarem a maturação do queijo. Algumas proteases gástricas de espécies marinhas possuem caraterísticas semelhantes às da quimosina, normalmente utilizada para coagular o leite (Garcia-Carreno *et al.*, 1994, Han & Shahidi, 1995 e Tavares *et al.*, 1997). Os crustáceos pertencentes ao género zoológico *Munida* (fam. Galatheideae, ord. Decapodi) foram escolhidos como uma possível fonte de enzimas coagulantes do leite. Os crustáceos *Munida* vivem principalmente no oceano Atlântico e são abundantes e bem distribuídos nos fundos profundos do Mediterrâneo (Falciai e Minervini, 1992).

b. Fontes microbianas

A reduzida oferta mundial de coalho de vitelo e o aumento constante da produção e consumo de queijo estimularam a investigação de enzimas de coagulação do leite (MCE) de fontes alternativas para serem utilizadas como substitutos do coalho de vitelo (Tubesha e Al-Delaimy, 2003). As coalheiras microbianas de vários microrganismos (comercializadas com nomes comerciais como Rennilase, Fromase, Marzyme, Hanilase, etc.), comercializadas desde a década de 1970, provaram ser satisfatórias para a produção de diferentes tipos de queijo (Fox, 1993). Os coalho de fontes microbianas são mais proteolíticos por natureza em comparação com o coalho de fontes animais, resultando na produção de alguns péptidos amargos durante o processo de maturação do queijo (Green, 1984).

Os microrganismos elaboram uma grande variedade de

proteases, que são intra ou extracelulares. Entre as proteases, destacam-se as proteases de aspartato, que encontram aplicação na indústria do fabrico de queijo, como auxiliares digestivos, clarificadores de cerveja, modificadores de proteínas alimentares e preparações de hidrolisados de proteínas desbastantes (Rao *et al.*, 1998). A indústria do queijo tem utilizado tradicionalmente o coalho de vitelo para coagular o leite como primeiro passo no fabrico de queijo. A coagulação do leite pelo coalho de vitelo ocorre essencialmente através da clivagem da ligação Phe105-Met 106 da κ-caseína (como mencionado precisamente por Danley e Geoghegan, 1988), resultando na libertação de um glicopéptido hidrofílico curto (106-169 resíduos), que passa para o soro de leite. A para-κ- caseína torna-se positivamente carregada a um pH neutro e provoca uma diminuição das forças repulsivas entre as micelas de caseína, causando assim a agregação (Green, 1973). A indústria do queijo tem uma grande procura de proteases ácidas (aspartato proteases). As aspartato proteases ajudam na coagulação do leite, para além de desempenharem um papel fundamental no desenvolvimento do sabor e da textura (Vioque *et al.*, 2000). As enzimas microbianas de coagulação do leite, que constituem 33% da utilização total de proteases, substituem largamente o coalho animal na coagulação do leite.

Os coalhos de origem microbiana podem ser de origem bacteriana ou fúngica. *Bacillus subtilis*, *B. polymyxa*, *B. cereus* podem ser utilizados como produtores de coalho bacteriano. *Mucor pusillus*, *M. Miehei*, *Endothia parasitica* são utilizados para produzir coalho de origem fúngica (Uçuncu, 2005). Coalho alternativo de origem microbiana tem sido utilizado com sucesso no fabrico de queijo:

Bacillus sphaericus (El-Bendary *et al.*, 2007), *Ryphonectria parasitica* (Trujillo *et al.*, 2000 e Kim *et al.*, 2004) e *Rhizomucor miehei* (Trujillo *et al.*, 2000 e Reps *et al.*, 2006).

A capacidade de estirpes selecionadas de *Bacillus* para produzir e segregar grandes quantidades de enzimas extracelulares levou-as a estar entre os mais importantes produtores de enzimas industriais. Enquanto *B. subtilis* (natto) produz muitas enzimas, incluindo amilases e celulases, as enzimas mais importantes na produção de natto são as proteases; muitas delas foram caracterizadas (Yoshimoto *et al*, 1971). As proteases são responsáveis pelo sabor principal, através da hidrólise da proteína de soja. É concebível que *B. subtilis* (natto) possa produzir MCE(s). A MCE de *B. subtilis* (natto) Takahashi, para além de um elevado rácio MCA e MCA/atividade proteolítica (PA), é importante para assegurar a sua utilidade como nova fonte de coagulante do leite para o fabrico de queijo (Shieh *et al.*, 2009). Durante um estudo sobre enzimas semelhantes à renina produzidas por *Bacillus sphaericus*, um isolado egípcio, *B. sphaericus* NRC 24, mostrou uma elevada atividade de coagulação do leite e foi considerado um novo e promissor produtor (El-Bendary, 2004).

Os actinomicetas são um dos grupos microbianos mais investigados, uma vez que constituem uma fonte potencial de substâncias de interesse biotecnológico (Lealem e gash, 1994), sendo também eficazes na decomposição de proteínas no solo (Tsujibo *et al.*, 1990a). Entre os actinomicetos do grupo dos não estreptomicetos, *Thermoactinomyces* (Tsuchiya *et al.*, 1992), *Nocardia, Micromonospora* (Lysenko e Salvonic, 1988) e *Nocardiopsis* sp. (Tsujibo *et al.*, $1990_{a\&b}$; Dixit e Pant, 2000 e Moreira *et al.*, 2003) foram referidos como produtores de proteases.

Os substitutos fúngicos das proteases animais incluem os de *Mucor pusillus* Lindt (Arima *et al.*, 1970), *Mucor miehei* (Brown *et al.*, 1990), *Mucor baciliformis* (Areces *et al.*, 1992) e *Penicillium oxalicum* (Hashem, 2000), *Endothiaparasitica* (Sardinas, 1968).

As preparações de coalho microbiano estão geralmente associadas a enzimas proteolíticas, que por sua vez peptonizam a coalhada de leite, levando à sua dissolução. A remoção da atividade proteolítica não específica aumenta o rácio coagulação do leite/atividade proteolítica, evidenciando as propriedades de coalho da preparação enzimática (Yada e Nakai, 1986). Outra caraterística marcante que dificulta a utilização de coalho microbiano é a sua elevada estabilidade térmica. A atividade proteolítica, retida a temperaturas elevadas (superiores à temperatura normal de pasteurização), causa proteólise indesejável, resultando em perda de sabor e gosto amargo (Garnot, 1985). Assim, são preferidas as coalhadas com menor estabilidade térmica. A clivagem extensiva da caseína, devido à menor especificidade das enzimas microbianas, resulta em perda de proteína e rendimento, sabores estranhos e péptidos amargos no queijo. Os coalho microbianos de diferentes fontes diferem nos seus pesos moleculares, pontos isoeléctricos, atividade específica, composição de aminoácidos e natureza glicoproteica (Smith e Yada, 1991).

Entre os fungos, *M. miehei* é preferido pela indústria para produzir enzima coagulante do leite devido ao seu elevado fator R (atividade coagulante do leite/atividade proteolítica), especificidade para certas ligações peptídicas na caseína, boa qualidade e rendimento do queijo (Leasure, 1980; Levadoux *et al.*, 1989 e Escobar & Barnett, 1993). Além disso, Neelakantan *et al.*, (1999) mencionaram que as preparações comerciais baseadas no fungo filamentoso *Mucor miehei* estão atualmente a substituir a renina animal na produção dos queijos mais populares e já representam cerca de 33% do processo de produção.

c. Coalho geneticamente modificado

Devido à escassez de estômagos de vitelo e ao valor económico do coalho para queijo, o gene para a quimosina de vitelo foi um dos primeiros genes para enzimas de mamíferos que foi clonado e expresso em microrganismos (Nishimori *et al.*, 1982). Muitos laboratórios diferentes clonaram o gene da quimosina de vitelo em *Escherichia coli* e analisaram a estrutura do gene, bem como as propriedades da quimosina recombinante (Foltman, 1993). A proenzima expressa em *E. coli* apresenta-se principalmente sob a forma de corpos de inclusão insolúveis, constituídos por proquimosina reduzida, bem como por moléculas ligadas entre si por pontes dissulfureto. Após a desintegração das células, os corpos de inclusão são colhidos por centrifugação. Os diferentes laboratórios registaram algumas diferenças no procedimento de renaturação da proquimosina dos corpos de inclusão, mas todos seguiram o mesmo esquema geral. As propriedades enzimáticas da quimosina *de E. coli* recombinante são indistinguíveis das da quimosina de vitelo nativa (Meisel, 1988). As enzimas eram idênticas quando observadas por imunodifusão em géis, mas foi observada uma ligeira diferença por ensaio imunoenzimático (ELISA) (Kawaguchi *et al.*, 1987).

O gene da proquimosina foi também clonado em *Saccharomyces cerevisiae*, tendo sido registados níveis de expressão de 0,5 a 2,0% da proteína total da levedura (Mellor *et al.,* 1983 e Goff *et al*., 1984). Na levedura, cerca de 20% da proquimosina pode ser libertada sob a forma solúvel, que pode ser activada diretamente; os restantes 80% continuam associados aos resíduos celulares. A clonagem da quimosina foi efectuada sem a prosequência (Mellor *et al*., 1983). Embora o nível do mRNA da quimosina fosse semelhante ao do mRNA da proquimosina, não foi observada qualquer atividade de coagulação do leite nos clones que continham apenas o gene da quimosina. Os resultados sugerem que a prosequência é essencial para a dobragem correta da cadeia polipeptídica. O zimogénio para as proteases aspárticas de *R. pusillus*, também chamado mucor rennin, foi igualmente clonado e expresso em levedura (Aikawa *et al.,* 1990). Estudos sobre a sua conversão para a forma ativa mostraram que a secreção da protease de *R. pusillus* a partir de levedura recombinante dependia da glicosilação da enzima (Aikawa *et al.,* 1990).

Em comparação com a levedura, os fungos filamentosos segregam geralmente maiores quantidades de proteínas para o meio de cultura. Além disso, os fungos filamentosos segregam as proteínas heterólogas com a dobragem correta da cadeia polipeptídica e processam o emparelhamento correto dos grupos sulfidrilo. O gene da protease *de R. miehei* foi expresso em *A. oryzae.* A proquimosina foi expressa em *Kluyveromyces lactis*, *A.* nidulans, *A. niger* e *Trichoderma reesei.* Na maioria dos casos, os rendimentos registados nos sistemas modelo foram de cerca de 10-40 mg de enzima por litro de meio de cultura. A levedura *Kluyveromyces lactis* foi recentemente utilizada como hospedeiro eficiente para a secreção de quimosina recombinante, o que levou ao desenvolvimento de um processo de produção de quimosina em grande escala (Leeuw e Swinkles, 1993).

A maioria das empresas produz coalho recombinante de origem bovina em diferentes hospedeiros microbianos, mas, na Índia, a principal fonte de leite é a búfala, que apresenta uma composição diferente da da vaca. O coalho de origem bubalina tem compatibilidade inerente com a coagulação do leite de búfala. Por conseguinte, o National Dairy Research Institute, Karnal, tomou a iniciativa de clonar o gene da quimosina de búfala. O cDNA da quimosina de búfala foi clonado em *E. coli* e a sequenciação parcial N-terminal da quimosina de búfala purificada indica que é altamente homóloga à quimosina de bovino (Mohanty *et al.,* 1998).

Outras enzimas presentes no coalho também desempenham um papel importante na produção de queijo, especialmente na maturação do queijo e podem ser uma causa do desenvolvimento de amargor durante o armazenamento (Mara e Kelly, 1998). O gene para a quimosina de vitelo foi um dos primeiros genes para enzimas de mamíferos que foi clonado e expresso em microrganismos como as bactérias. As análises da sequência de proteínas e de ADN mostraram que a quimosina é altamente homóloga a outras aspartil proteases, como a pepsina, a renina e a catepsina D (Vega-Hernandez *et al.*, 2004).

As primeiras coalheiras fúngicas eram consideravelmente diferentes da quimosina ou das pepsinas, mas os produtos actuais foram modificados de modo a terem propriedades semelhantes às da quimosina, tal como as coalheiras microbianas são relativamente. O gene da proquimosina foi clonado em *Escherichia coli, Saccharomyces cerevisiae*, *Kluyveromyces marxianus var. lactis*, *Aspergillus nidulans*, *A. niger* e *Trichoderma reesei*. Como resultado da recombinação, as propriedades enzimáticas das enzimas recombinantes são indiscerníveis das da quimosina de vitelo. As propriedades de fabrico de queijo das quimosinas recombinantes foram avaliadas em muitas variedades de queijo, na sua maioria com resultados muito satisfatórios (Fox *et al.*, 2000).

d. Fontes vegetais

Vários extractos de plantas foram também utilizados como coalho vegetal, como os de *Benincasa cerifera* (Gupta e Eskin, 1977), *Zingiber officinale*, *Asparagus officinalis*, *Ficus carica*, *Actinidia chinensis* e *Ananas comosus* (Yamaguchi *et al.*, 1982), *Calotropis procera* (Aworh & Nakai, 1986 e Aworh & Muller, 1987), *Dieffenbachia maculata* (Padmanabhan *et al.*, 1993).

A papaína de *Carcia papaya*, a bromelina de *Ananas sativa* e a ricina de *Ricinus communis* têm efeitos proteolíticos elevados (Uçuncu, 2005). Na Roma antiga, os fabricantes de queijo utilizavam um extrato de casca de figueira. A flor da planta do cardo chamada *Cynara cardunaculus* é usada para fazer o queijo Sera de Estrella (Carroll & Ricky, 1994 e Uçuncu, 2005). *Cynara humilis* e/ou *Cynara scolymus* contêm proteinases, pelo que têm sido utilizadas na Península Ibérica desde a época romana para fabricar queijos de leite de ovino e/ou caprino (Reis *et al.*, 2000). A atividade coagulante do leite foi também encontrada nas flores de *Centaurea calcitrapa*, *Onopordum turcicum* e *Silybum marianum* (Domingos *et al.*, 1998; Tamer, 1993 e Vairo Cavalli *et al.*, 2005). Todas estas espécies pertencem à família

Asteraceae e, além disso, encontram-se na mesma tribo: *Cardueae Cass* = *Cynareae Less* (Ariza-Espinar e Delucchi, 1998).

Estas verdadeiras coalhadas vegetais também são adequadas para vegetarianos. O coalho vegetal pode ser utilizado na produção de queijos kosher, mas quase todos os queijos kosher são produzidos com coalho microbiano ou coalho geneticamente modificado. A nível mundial, não existe produção industrial de coalho vegetal. As chamadas coalheiras vegetais comerciais contêm geralmente coalho do fungo *Mucor miehei*.

Muitas plantas têm propriedades coagulantes. Os gregos utilizavam um extrato de sumo de figo para coagular o leite (Fox *et al.*, 2004), outros exemplos incluem urtigas, cardos, malvas e hera terrestre (Creeping Charlie). As enzimas do cardo ou da cynara são utilizadas em algumas produções tradicionais de queijo na região mediterrânica. O ácido fítico, derivado de soja não fermentada, ou o coalho de soja geneticamente modificado também podem ser utilizados.

Foram também estudadas enzimas coagulantes do leite de várias plantas, incluindo enzimas de *Cynara cardunculus* (Sousa & Malcata, 2002 e Louro Martins *et al.*, 1996), *Papil- ionoida* spp (Lopes *et al.*, 1998), *Solanum dobium* (Yousif *et al.*, 1996) e *Centaurea calcitrapa* (Tavaria *et al.*, 1997; Pintado *et al.*, 2001 e Reis *et al.*, 2000). As proteinases aspárticas extraídas das flores de cardo de várias espécies do género Cynara (principalmente *C. cardunculus* e, em menor grau, *C. humilis*) são das poucas enzimas de origem vegetal que têm sido utilizadas no fabrico de queijo em Portugal e Espanha (Carr, 1981; Macedo *et al*, 1993; Verı'ssimo *et al.*, 1996; Macedo & Malcata, 1997;

Ferna' ndez- Salguero & Sanjua'n, 1999; Freitas *et al.*, 2000e Ferna' ndez- Salguero *et al.*, 2002). Estas enzimas ácidas são caracterizadas pela sua elevada atividade coagulante, como a quimosina, clivando a ligação peptídica Phe 105-Met 106 na κ-caseína bovina e ovina, enquanto a κ-caseína caprina é preferencialmente clivada em Lys 116-Thr 117 (Sousa e Malcata, 1998).

Têm também uma forte ação proteolítica que acaba por levar à degradação extensiva das caseínas, produzindo queijos caracterizados por uma textura suave e amanteigada e pelo desenvolvimento de um aroma típico e de um sabor ligeiramente picante e cremoso. A especificidade das proteinases *in vitro* de *C. cardunculus* utilizando como substratos caseínas bovinas, ovinas e caprinas e alguns queijos foi revista por Sousa e Malcata (2002). Embora estas enzimas vegetais sejam altamente proteolíticas em termos de proteínas de substrato e menos proteolíticas em termos de péptidos de tamanho médio (Sousa e Malcata, 1997), poderiam ser utilizadas como um sistema de proteases na maturação acelerada de certos tipos de queijo fabricados a partir de leite de ovelha, através da adição de enzimas (Law e Wigmore,

A utilização destas proteinases vegetais como coagulantes do leite é muito interessante, uma vez que são enzimas naturais e podem também ser utilizadas para a produção de queijos destinados a consumidores lacto-vegetarianos e a mercados ecológicos (Go'mez *et al.*, 2001). Podem também ser utilizadas para produtos Kosher e Halal.

Uma preparação enzimática obtida a partir de frutos verdes de *Bromelia hieronymi Mez* (Bromeliaceae), que contém as três principais peptidases, foi previamente purificada e caracterizada (Bruno *et al.*,

2003, Bruno *et al.*, 2006 e Bruno *et al.*, 2007). Para fins biotecnológicos, são atualmente utilizadas enzimas em bruto ou apenas preparações parcialmente purificadas. Neste caso, uma preparação enzimática parcialmente purificada (hieronymain) foi totalmente caracterizada (Bruno *et al.*, 2002) para ser utilizada como coagulante do leite ou para obter hidrolisados de caseína ou de proteínas de soro de leite. Além disso, Bruno *et al.*, (2010) obtiveram uma nova preparação enzimática (hieronymain) a partir de frutos verdes de *Bromelia hieronymi*, uma planta nativa da América do Sul, que foi capaz de coagular o leite e hidrolisar a caseína bovina e as proteínas do soro de leite. Esta nova preparação enzimática seria adequada para o fabrico de queijo, como alternativa ou em complemento do coalho de vitelo, mas é necessário efetuar investigação adicional sobre o rendimento do queijo, os efeitos no envelhecimento e a estabilidade da preparação enzimática durante o armazenamento antes de o produto poder ser utilizado comercialmente. Por outro lado, esta nova preparação enzimática poderia ser aplicada para a produção de hidrolisados de proteínas do leite que seriam utilizados na conceção de novos produtos dietéticos, bem como para obter péptidos potencialmente bioactivos.

Park *et al.* (2000) prepararam uma protease aspártica a partir de sementes de girassol que apresenta uma atividade de coagulação do leite, identificaram também a sua protease e deduziram a sua estrutura primária a partir da sequência genética n.º AB025359. Por outro lado, Cordeiro *et al.* (1994) efectuaram uma comparação com a sequência de uma cinarase de *C. cardunculus* n.º X69193, que apresenta 78% de identidade com a protease aspártica do girassol. No entanto, a enzima do girassol apresenta um valor negligenciável de atividade de coagulação do leite, enquanto a cinarase tem uma elevada atividade de coagulação do leite. Da mesma forma, as sementes da árvore *Albizia julibrissin* demonstraram possuir enzimas proteolíticas, que coagulam o leite prontamente, sem desenvolver qualquer amargura no queijo após 3 meses de maturação (Otani *et al.*, 1991). O extrato proteico de sementes de *albizia* pode ser um substituto potencialmente adequado para o coalho animal, sendo mais ativo do que o extrato proteico de sementes de girassol e exibindo uma boa coagulação do leite e atividade caseinolítica necessárias para a maturação do queijo. Uma vez que muitos coalho vegetais geram peptídeos amargos, é necessário realizar uma queijaria experimental com *A. lebbeck* para garantir que o seu extrato de sementes pode conduzir a um queijo sem amargor, como já foi observado com *A. julibrissin* (Egito *et al.*, 2007).

As flores de diferentes espécies de cardo (Asteraceae) têm sido caracterizadas por serem uma fonte rica em peptidases aspárticas com atividade coagulante do leite (Verissimo *et al.* 1996, Cordeiro *et al.* 1994 e Llorente *et al.* 2004). Desde a época romana que os extractos aquosos das flores de *Cynara cardunculus* têm sido utilizados como coagulante do leite no fabrico de vários tipos de queijos tradicionais da Península Ibérica, como o queijo Serra da Estrela, Serpa, Azeitão, Los Pedroches, La Serena e Flor de Guia (Silva & Malcata, 1999 e Silva *et al.* 2002).

A presença de peptidases aspárticas com atividade de coagulação do leite foi detectada em extractos aquosos brutos de flores de cardo mariano, *Silybum marianum* (L.) Gaertn. Asteraceae, (Vairo Cavalli *et al.* 2005). E foi relatada a utilização das suas flores e folhas para a produção de queijo de Serpa em pequena escala (Cabral *et al.*,

1984).

A atividade de coagulação do leite também foi encontrada em flores de *Centaurea calcitrapa*, *Onopordum turcicum* e *Silybum marianum* (Domingos *et al.*, 1998; Tamer, 1993 e Vairo Cavalli *et al* 2005). Dizia-se que as flores especificamente de *S. marianum* continham proteinases aspárticas que eram capazes de entreter a coagulação do leite. Essa atividade de coagulação é parcialmente inibida em concentrações de NaCl superiores a 50 mM, enquanto o efeito do $CaCl_2$ é bifásico - com uma diminuição inicial, seguida de um aumento nos tempos de coagulação do coalho. A análise do padrão de degradação do Na-caseinato bovino por proteinases aspárticas de *S. marianum* foi estudada anteriormente e foi mesmo considerada como uma nova fonte de coalho vegetal, com caraterísticas distintivas e úteis para a indústria dos lacticínios (Vairo Cavalli *et al.*, 2005).

4. Cardo *mariano Silybum marianum* planta

A fonte vegetal mais conhecida de enzimas coagulantes do leite é a planta selvagem *Silybum marianum.*

a. Distribuição *do Silybum marianum*

O cardo *mariano Silybum marianum* (L.) Gaertn é uma planta anual ou bienal e membro da família das margaridas (Composite ou Asteraceae), distribuída na região oriental (Mossa *et al* 1987), mediterrânica e naturalizada na América do Norte e do Sul (Hyam e Pankhurst, 1995). No Egito, é muito comum em Burg El-Arab, especialmente ao longo da estrada Burg El-Arab; El-hammam, dentro dos campos cultivados e ao longo dos canais (Aly, 1998).

Fig. 6. Flores de *Silybum marianum*

b. Discrição da planta *Silybum marianum*

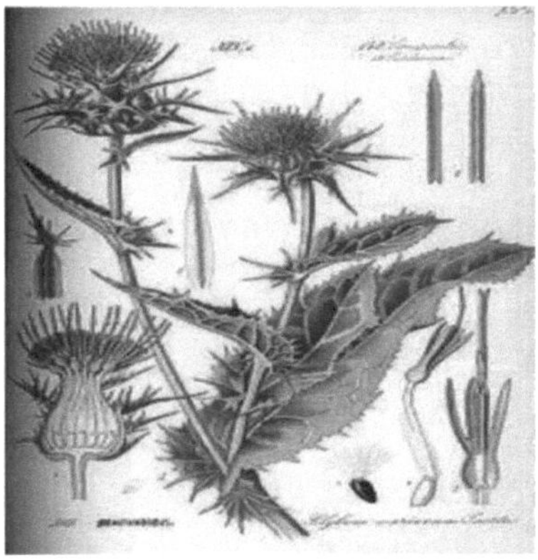

Fig. 7. Partes da planta *Silybum marianum*

Morazzoni e Bombardelli (1995) descreveram a planta como segue: *S. marianum* tem um caule com 201-50 cm de altura, raramente mais curto, glabro ou ligeiramente penugento, ereto e ramificado na parte superior. As folhas são alternas, grandes, com nervuras brancas, glabras e com margens fortemente espinhosas. As inflorescências são capítulos grandes e redondos, solitários no ápice do caule ou dos seus ramos, rodeados de brácteas espinhosas. Os floretes são hermafroditas, de forma tubular com corola vermelho-púrpura. Os frutos são aquénios de pele dura, com 6 a 8 mm de comprimento, brilhantes, geralmente de cor acastanhada, com um papo branco tipo seda no ápice. Os frutos são colhidos em julho-agosto, após a floração.

c. Abundância *de Silybum marianum* no Egito

Silybum marianum é uma erva anual de crescimento selvagem que se encontra abundantemente na região do Nilo (Delta) e na região de Fayium, perto de cursos de água. A planta tem sido cultivada localmente com sucesso em terras recuperadas de Salehiya para fins medicinais e são produzidas grandes quantidades de sementes ricas em óleo, como produto secundário. A floração do *Silybum marianum* começa na primavera e a planta é colhida no início do verão (El-Mallah *et al.*, 2003).

Fig. 8. Planta silvestre egípcia *Silybum marianum*

d. Utilizações médicas do *Silybum marianum*

O Silybum marianum é recomendado na medicina tradicional europeia e asiática há mais de 2000 anos, principalmente para o tratamento de doenças do fígado (Morazzoni e Bombardelli, 1995). Foi demonstrado que os flavonolignanos inibem a produção de leucotrienos; esta inibição explica a sua atividade anti-inflamatória e antifibrótica (Dehmlow *et al.*, 1996). Além disso, a silimarina pode ser benéfica para reduzir as hipóteses de desenvolvimento de certos cancros (Katiyar *et al.*, 1997) e inibir a biossíntese do colesterol (Krecman *et al.*, 1998).

O Silybum marianum Gaertn. é conhecido como cardo mariano, cardo mariano ou Shouk-El-Gamal e pertence à família Astraceae. A planta é uma planta anual de inverno ou bienal. As sementes são utilizadas para tratar danos tóxicos no fígado, tratamento de apoio em doenças inflamatórias crónicas do fígado, cirrose, hepatite e ajudam a manter uma função hepática saudável (Henywood *et al.*, 1977). O componente químico ativo do cardo mariano é a silimarina, que é uma combinação de três flavonóides: 50% de silibinina, 25% de silicristina e 25% de silidianina (Hadolin *et al.*, 2001).

Foi relatado que a silibinina actua como antioxidante, eliminando os radicais livres e inibindo a peroxidação lipídica, além de alterar a estrutura da membrana da célula hepática, bloqueando a absorção de toxinas penetrantes na célula e estimulando a produção de novas células hepáticas para substituir as células danificadas (Kenneth *et al.*, 1998). A planta também produz 25 - 30% de óleo comestível contendo fosfolípidos essenciais e um elevado teor de vitamina E (Hadolin *et al.*, 2001). Duas variedades (Var. marianum com flores roxas e Var. albiflora com flores brancas) foram registadas sob a espécie marianum (Hetz *et al.*, 1995). Estas variedades estão amplamente distribuídas na zona mediterrânica e partilham a mesma biosfera ecológica, tendo sido cultivadas com sucesso em campos experimentais (Sadaqat et *al.*, 1983).

e. *Silybum marianum* na alimentação humana e para fins dietéticos

As folhas jovens (sem espinhos) são consumidas como legume em saladas de primavera e como substituto dos espinafres. Os talos jovens, descascados e demolhados, são consumidos como os espargos. As raízes, demolhadas em água durante uma noite para lhes retirar o amargor, são consumidas como os salsifis. O recetáculo floral do cardo mariano, semelhante a uma alcachofra, era cozinhado e comido como as alcachofras (Foster, 1991).

Os efeitos adversos da ingestão de qualquer uma das partes da planta *Silybum marianum* são geralmente inexistentes na literatura. As experiências com animais mostraram que os extractos de sementes são seguros, mesmo em grandes doses, praticamente sem efeitos secundários, bem como nenhum efeito tóxico para o embrião (Weiss, 1988).

Saleh (2004) referiu que a maior atividade de coagulação do leite foi encontrada nas flores de *S. marianum* com um nível de atividade constitutivo nas outras partes da planta (caule e cabeça), onde as enzimas das flores possuíam uma atividade 20 e 8 vezes superior à do caule e da cabeça, respetivamente.

5. Extração de enzimas de coagulação do leite de plantas

Para a preparação do extrato enzimático, seguiu-se o método descrito por Vairo Cavalli *et al.* (2005). As flores frescas de *Silybum marianum* (L.) Gaertn. foram trituradas com um almofariz e pilão sob azoto líquido, homogeneizadas numa proporção de 1 g por 3 ml de tampão ácido cítrico-citrato de sódio 0,1 M (pH 3,0) contendo 1,0 mM-EDTA (1 g por 3 ml), agitadas durante 30 min e centrifugadas a 5000 g durante 20 min a 4 ^{0}C

As sementes de *Solanum dubium* (50 g) foram moídas grosseiramente num almofariz e extraídas com 500 ml utilizando diferentes tampões {água destilada, 5% NaCl em água destilada, 5% NaCl em tampão de acetato de sódio (pH 3,8 e 5,0) e 5% NaCl em tampão Tris-HCl (pH 8,0) durante 1-24 h com agitação a 4°C. O extrato de cada tampão foi filtrado através de um pano de algodão e centrifugado a 12.000 rpm durante 20 min (Mohamed Ahmed *et al.*, 2009).

O coalho vegetal de *Cynara cardunculus* foi extraído utilizando 0,16 g de flores secas, moídas durante 1 min e embebidas em água da torneira durante 10 min, com agitação (Sousa & Malcata, 1996).

Os extractos brutos de flores secas foram obtidos por homogeneização de 15 g de estigmas de alcachofra (*Cynara scolymus L.)* em 50 ml de tampão citrato de sódio 50 mm pH 3,0, e centrifugação a 50000g durante 30 min (Chazarra *et al*, 2007)

Dez gramas de sementes de girassol descascadas e de sementes *de albizia* inteiras foram moídas num moinho de café, e os extractos aquosos foram preparados por imersão dos pós de sementes em 100 ml de água destilada contendo 1% (w/v) NaCl e 0,02% (w/v) de azida de sódio. As misturas aquosas foram mantidas durante 24 h a 4 ^{0}C com agitação, e depois as amostras foram filtradas para dar extractos brutos (Egito *et al*, 2007)

As flores secas de *Cynara cardunculus* (150 g) foram maceradas em 1 L de água. Após 24 h, o extrato foi congelado e posteriormente liofilizado como descrito anteriormente (Tejada & Fernandez-Salguero, 2003).

6. Mecanismo de coagulação do leite

O leite utilizado na maioria das variedades de queijo é coagulado através da ação de proteinases selecionadas, denominadas coalho. A coagulação do leite induzida pelo coalho é, de facto, um processo em duas fases (Figura 6). A fase primária envolve a modificação enzimática específica das micelas de caseína para produzir micelas de paracaseína que se agregam na presença de Ca^{2+} a temperaturas superiores a 20◦ C. A agregação das micelas alteradas pelo coalho é referida como a fase secundária da coagulação. O assunto foi revisto por Fox e Mulvihill (1990), Dalgleish (1992).

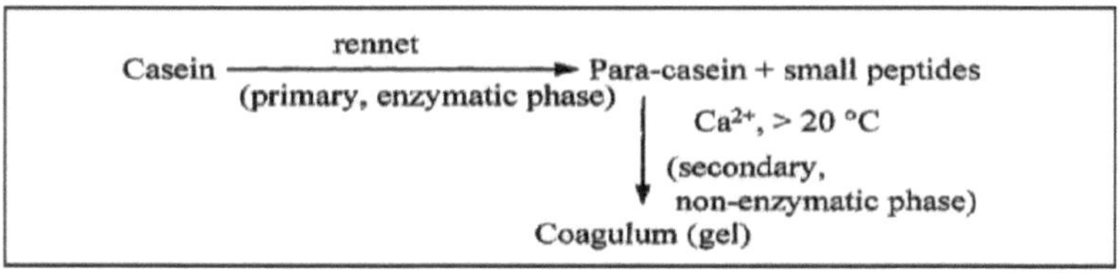

Fig. 9. Resumo da coagulação do leite pelo coalho. A fase primária envolve a hidrólise enzimática da κ-caseína, enquanto a fase secundária envolve a agregação da micela alterada pelo coalho (paracaseína) numa rede de gel tridimensional ou coágulo.

a. A fase primária da coagulação do coalho

As caseínas existem como micelas estabilizadas por uma camada superficial de κ-caseína. Em 1956, o isolamento da κ-caseína foi seguido como a proteína estabilizadora de micelas e que as suas propriedades estabilizadoras são destruídas com o coalho. Pouco tempo depois, foi demonstrado que a κ-caseína é a única proteína hidrolisada durante a coagulação do leite pelo coalho e que é hidrolisada especificamente na ligação Phe_{105}-Met_{106} (Payens *et al*, 1977)

$$E + S \underset{k_{-1}}{\overset{k_1}{\rightleftharpoons}} ES \xrightarrow{k_2} E + P_1 + M$$

Fig. 10. A fase primária da coagulação do coalho (P\ é para-K-caseína e Misa macropeptídeo) Payens *et al.* (1977).

A parte N-terminal da molécula, K-CN fl-105, designada por

para-κ-caseína, permanece ligada à micela de caseína, ao passo que a parte C-terminal, designada por macropeptídeo (caseína) (CMP; ou glicomacropeptídeo, uma vez que contém as porções de hidratos de carbono da K-caseína), se perde no meio aquoso circundante.

A sensibilidade única da ligação Phe-Met da K-caseína tem despertado interesse. O dipeptídeo H.Phe-Met.OH não é hidrolisado, nem os tri- ou tetrapeptídeos que contêm uma ligação Phe-Met. No entanto, esta ligação é hidrolisada no pentapeptídeo H.Ser-Leu-Phe-Met-Ala-OMe, e a inversão das posições da serina e da leucina, para dar a sequência correta da K-caseína, aumenta a suscetibilidade da ligação Phe-Met à quimosina. Tanto o comprimento do péptido como a sequência em torno da ligação Phe-Met são determinantes importantes da interação enzima-substrato. A $serina_{104}$ parece ser particularmente importante, e a sua substituição por Ala ou mesmo por L-Ser no pentapeptídeo acima referido torna a ligação Phe-Met muito resistente à hidrólise pela quimosina.

Várias proteinases coagularão o leite em condições adequadas, mas a maioria é demasiado proteolítica em relação à sua atividade de coagulação do leite (MCA). Consequentemente, hidrolisam as caseínas no coágulo demasiado rapidamente, causando uma redução no rendimento do queijo. A MCA é o inverso do tempo de coagulação do coalho (RCT), ou seja, MCA = 1/RCT. A proteólise excessiva ou a especificidade incorrecta também podem levar a defeitos no sabor (especialmente amargor) e na textura do queijo. Embora as proteinases vegetais tenham sido utilizadas como coalho desde os tempos pré-históricos, as proteinases gástricas de vitelos, cabritos ou cordeiros têm sido tradicionalmente utilizadas como coalho, com muito poucas excepções.

1. Factores que afectam a hidrólise do k-casien e a fase primária da coagulação do coalho.

O pH ótimo para a primeira fase da ação do coalho no leite é de cerca de 6,0 com 4◦ C ou 3O◦ C. A temperatura óptima para a coagulação do leite pelo coalho de vitelo a pH 6,6 é de cerca de 45◦ C. O tratamento térmico do leite a temperaturas superiores a 65^0C afecta negativamente a sua coagulabilidade pelo coalho de vitelo. Se o tratamento térmico for muito severo (> $9O^0$C durante 10 min), o leite não coagula aquando da coagulação. Embora as alterações no equilíbrio dos sais sejam factores contributivos, o principal fator causal é a formação de ligações dissulfureto intermoleculares entre a K-caseína e a 3-lactoglobulina e/ou a-lactalbumina. Tanto a fase primária como a fase secundária da ação do coalho são inibidas no leite aquecido, o que se reflecte na diminuição acentuada da taxa de formação da coalhada e na força do gel resultante. Os efeitos adversos do aquecimento podem ser revertidos pela acidificação para valores de pH na região 6,6-6,0 antes ou depois do aquecimento ou pela adição de $CaCl_2$ (que provoca uma redução do pH). A fase secundária, e não a primária, da ação do coalho beneficia provavelmente destes tratamentos (Fox *et al*, 2004).

b. A fase secundária (não enzimática) da coagulação e da formação de gel.

A hidrólise da K-caseína pela quimosina ou por enzimas semelhantes durante a fase primária da ação do coalho liberta o segmento C-terminal altamente carregado e hidrofílico da K-caseína (macropeptídeo: Fox *et al.*, 2004).

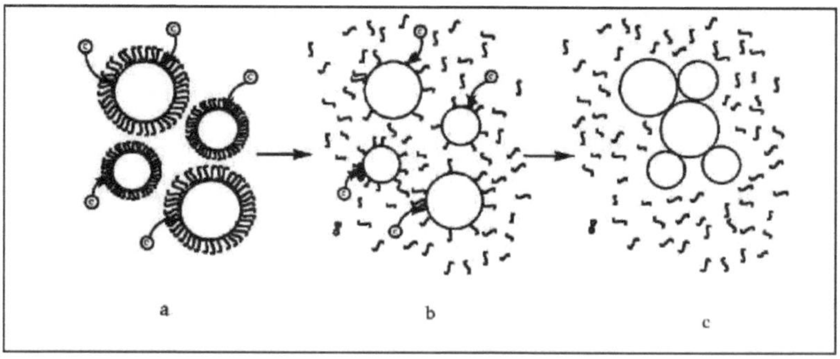

Fig. 11. Representação esquemática da coagulação do leite pelo coalho, (a) micelas de caseína com camada de κ -caseína intacta sendo atacadas pela quimosina (C); (b) micelas parcialmente desnudadas de κ-caseína; (c) micelas extensivamente desnudadas em processo de agregação.

1. Factores que afectam a fase não enzimática da oagulação do coalho.

A coagulação das micelas de coalho é muito dependente da temperatura e o leite bovino não coagula a uma temperatura inferior a 18^0C, exceto se a concentração de Ca^{2+} for aumentada. A diferença acentuada entre a dependência da temperatura das fases enzimática e não enzimática da coagulação do coalho foi explorada em estudos sobre os efeitos de vários factores na coagulação do leite pelo coalho. Os estudos foram efectuados no âmbito de tentativas para desenvolver um sistema de coagulação contínua do leite para o fabrico de queijo ou de caseína de coalho e para descobrir possíveis aplicações de coalho imobilizado. A dependência muito elevada da coagulação do coalho em relação à temperatura sugere que as interações hidrofóbicas são importantes. A coagulação de micelas alteradas pelo coalho depende de uma concentração crítica de Ca^{2+}, que pode atuar através da reticulação de micelas alteradas pelo coalho, possivelmente através de resíduos de fosfato de serina ou simplesmente por neutralização de cargas. O fosfato de cálcio coloidal também é essencial para a coagulação, mas pode ser substituído por um aumento de Ca^{2+}. A desfosforilação enzimática parcial da caseína, que reduz a carga micelar, reduz a coagulabilidade; a interação das micelas de caseína com várias espécies catiónicas predispõe-nas à coagulação pelo coalho e pode mesmo coagular micelas não coaguladas. A modificação química dos resíduos de histidina, lisina ou arginina inibe a coagulação, presumivelmente através da redução da carga positiva micelar (Fox *et al*, 2004).

A importância aparente da carga micelar na coagulação das micelas alteradas pelo coalho sugere que o pH deve ter uma influência importante na fase secundária da coagulação. A redução do pH na gama 6,6-6,0 é acompanhada por aumentos nas taxas das reacções enzimáticas e de coagulação, reduções no tempo de gelificação (tempo para o início da gelificação) e o grau de hidrólise da K-caseína necessário para o início da gelificação (por exemplo, de 97% para 80% da K-caseína total). Finalmente, aumentos na taxa de coagulação e firmeza da coalhada após um determinado tempo de coagulação. Embora se afirme que o pH não tem essencialmente qualquer efeito no processo de coagulação, a taxa de firmeza do gel resultante aumenta significativamente com a redução do pH. A taxa de firmeza dos géis de leite coagulado é influenciada pelo tipo de coalho, especialmente em condições desfavoráveis, tais como pH elevado ou baixo teor de Ca^{2+}. Talvez as diferenças na taxa de endurecimento reflictam o efeito do pH na atividade do coalho ou talvez alguma proteólise geral pelos substitutos do coalho.

O tratamento térmico do leite em condições que desnaturam a β-lactoglobulina e promovem a sua interação com a K-caseína através da interação sulfidrilo-dissulfureto afecta negativamente todos os aspectos da coagulação do coalho, mas especialmente a formação de uma rede de gel (van Hooydonk *et al.*, 1987).

Presumivelmente, a ligação da β-lactoglobulina desnaturada à superfície das micelas de caseína (como é evidente nas micrografias electrónicas das micelas de caseína) impede a sua agregação numa forma capaz de construir uma rede de gel (Fox *et al*, 2004).

CAPÍTULO 3
MATERIAIS E MÉTODOS

1. Materiais

a. Espécime de planta de *Silybum marianum*

O Silybum marianum é conhecido no Egito como Shouk-El-Gamal e foi colhido como tipo selvagem em Anshas, província de El-Sharqia, Egito, e como tipo cultivado na quinta do Centro Nacional de Investigação, em Nubariya, província de Beheira, Egito, com flores brancas ou púrpura e submetido a todos os processos de extração enzimática.

b. Espécimes de leite

1. Leite em pó

a. O leite desnatado seco (DSM) foi gentilmente obtido do Green Land Group for Dairy Products Corporation.

b. A nata completa (Nido) foi obtida no mercado local do Egito.

2. Leite fresco

As amostras de leite de vaca, búfala e cabra foram obtidas recentemente numa exploração agrícola local, no mercado local egípcio, enquanto o leite de camelo foi adquirido no departamento de Investigação de Camelos, Instituto de Investigação da Saúde Animal, Ministério da Agricultura, Cairo, Egito.

c. Produtos químicos

Todos os produtos químicos e solventes utilizados durante este estudo eram de grau Analar.

d. Instrumentos

1. Centrifugadora de arrefecimento (Union 32 R), centrifugadora industrial Hanil science.
2. Espectrofotómetro UV/V Lambda EZ 20/PerkinElmer.
3. Banho-maria termostático com agitação (LSB 015s), fornecido pela Daihan Lab Tech Co., Ltd, com velocidade de agitação de 20 a 250 pancadas/minuto e curso ajustável de 15 a 30 min.
4. Agitador magnético.
5. Liofilizador, Snijders scintific b.v., Tilbury - Holanda, Número de registo: S1084.

2. Métodos

a. Extração da enzima bruta coagulante do leite vegetal de todas as partes de *5. marianum*

Cada parte da planta (flores, cabeças residuais, folhas, caule, raízes e sementes) foi cortada em pequenos pedaços, pesada e extraída com cada um dos seguintes agentes de extração:

- Água destilada.
- Solução salina fisiológica (0,9%, p/v NaCl).
- Tampão ácido cítrico-citrato de sódio 0,1M (pH 6,2).

Cada parte da planta foi triturada num almofariz de quartzo (1g com 5ml de agente de extração) e agitada frequentemente durante 15 min. O extrato de cada agente de extração foi filtrado através de algodão e centrifugado numa centrífuga de arrefecimento a 2012g durante 20 minutos a 4^0C. O sobrenadante claro contendo a enzima foi congelado, liofilizado e armazenado no frigorífico até à sua utilização.

b. Ensaio da atividade de coagulação do leite

A atividade de coagulação do leite foi determinada de acordo com o método descrito por Arima e Iwasaki, (1970). Este método depende da observação visual do ponto de coagulação do leite como resultado da ação enzimática e pode ser resumido da seguinte forma:

1. Soluções e reagentes

a. Solução de cloreto de cálcio 0,**01M**.

b. Leite em pó desnatado seco.

c. Solução enzimática.

d. Banho-maria termostático controlado à temperatura pretendida.

Deteção de coagulação no aparecimento súbito de heterogeneidade da película de leite.

2. Procedimento

Doze gramas de leite em pó desnatado seco foram misturados com 100 ml de solução de cloreto de cálcio 0,01M, com agitação contínua até se obter uma suspensão homogénea. Antes do ensaio enzimático, o leite, a preparação enzimática ou quaisquer outros aditivos foram imersos separadamente no banho de água para se equilibrarem durante 10 minutos. Pipetaram-se 10 ml deste leite preparado para um tubo de ensaio, que foi colocado num suporte metálico e já imerso no banho-maria. Em seguida, adicionaram-se 2,5 ml da preparação enzimática à suspensão de leite, misturou-se bem o conteúdo e registou-se o tempo.

De vez em quando, cada tubo era retirado do banho-maria e mantido numa posição inclinada, a fim de detetar o primeiro sinal de coagulação. Este é marcado pelo aparecimento súbito de heterogeneidade, com a película cinzenta ténue a desfazer-se em partículas brancas quando observada contra um fundo preto. Logo que a heterogeneidade é detectada, o tempo é instantaneamente registado.

A unidade de atividade de coagulação do leite (mcu) é definida como a quantidade de enzima que coagulou 1ml de substrato de leite desnatado seco a 12% (w/v) em 40 min a 35 °C.

c. Deteção da atividade de divisão da caseína (proteolítica)

Após a coagulação do leite, a amostra de coágulo foi deixada durante a noite à temperatura ambiente, e a resolução da coalhada dura foi observada.

d. Determinação do teor de proteínas

O teor proteico de qualquer preparação enzimática foi determinado pelo método de Lowry *et al.* (1951)do seguinte modo

1. Reagentes

Lowry A: 2% (w/v) de Na_2CO_3 em 0,1 N-NaOH

Lowry B: misturaram-se volumes iguais das soluções a e b imediatamente antes da utilização

a. 1% (w/v) $CuSO_4$

b. 2% (w/v) de tartarato de sódio ou de potássio

Lowry C: 50 ml Lowry A +1 ml Lowry B

Reagente fenólico de Folin-Ciocalteu: um ml do reagente de reserva foi diluído em 2 ml de água destilada.

2. Procedimento

A 1 ml de amostra contendo 30-300 µg de proteína, foram adicionados 5 ml de reagente de Lowry C, bem misturados e deixados em repouso durante 15 minutos à temperatura ambiente, depois foram adicionados 0,5 ml do reagente de fenol Folin-Ciocalteu preparado e misturados imediatamente. Após 20 minutos, a cor azul foi medida num espetrofotómetro a 750 nm. Foi construída uma curva padrão utilizando várias soluções padrão de BSA preparadas a partir de albumina de soro bovino cristalina.

e. Ensaio de proteases (ácidas, neutras e alcalinas)

Isto foi efectuado através da determinação da taxa de hidrólise de caseína solúvel a 1,5% (w/v) em tampão fosfato ou tampão carbonato-bicarbonato (pH 10), contendo a enzima. A mistura de reação consistiu em 3 ml de solução de caseína a 1,5% (w/v) e 3 ml de tampão fosfato 0,03 M (pH 5,7 e 7) ou tampão carbonato-bicarbonato 0,03 M (pH 10) contendo a enzima. A solução enzimática e a solução de caseína foram incubadas separadamente a 37°C durante 3 minutos, depois a solução de caseína foi adicionada à solução enzimática e bem misturada. A reação foi deixada em repouso a 37°C. Foram retiradas alíquotas de dois ml da mistura de reação após 30 min e também após 60 min, depois pipetadas para cada um dos dois tubos contendo 3 ml de TCA a 15% (w/v). Depois de repousar durante 30 minutos à temperatura ambiente, a mistura de TCA foi centrifugada e o sobrenadante claro foi decantado e filtrado. As proteínas solubilizadas no sobrenadante foram determinadas, utilizando o método da cor do fenol (Anson, 1937 e Greenberg, 1957). Uma unidade de atividade de caseinase ou unidade Anson foi expressa como µg de tirosina libertada por minuto de reação (Bergkvist, 1963).

f. Construção da curva-padrão da tirosina

A curva-padrão da tirosina pode ser construída pesando com exatidão 300 mg de tirosina pura e seca em 100 ml de 0,2 M-HCl. Alíquotas de 0,1, 0,2, 0,3, 0,4, 0,5, 0,6, 0,7, 0,8, 0,9 e 1,0 ml da solução-mãe acima referida foram transferidas separadamente para balões volumétricos de 10 ml e o volume foi completado para 10 ml com 0,2 M-HCl, o que dá valores correspondentes a 30, 60, 90, 120, 150, 180, 210, 240, 270 e 300µg de tirosina por ml, respetivamente. Foi utilizado um ml de cada solução de tirosina de acordo com o procedimento acima mencionado e a extinção foi medida a 750 nm. A extinção foi traçada em função das concentrações e foi determinado o declive da linha reta que passa pela origem (Tabela 2 e Fig. 12).

Quadro 2: Curva-padrão da preparação de tirosina

Tyrosine concentration (µg ml^{-1})	OD (λ_{max} = 750 nm)
30	0.31
60	0.57
70	0.82
120	1.1
150	1.27
180	1.5
210	1.73
240	1.9
270	2.06
300	2.19

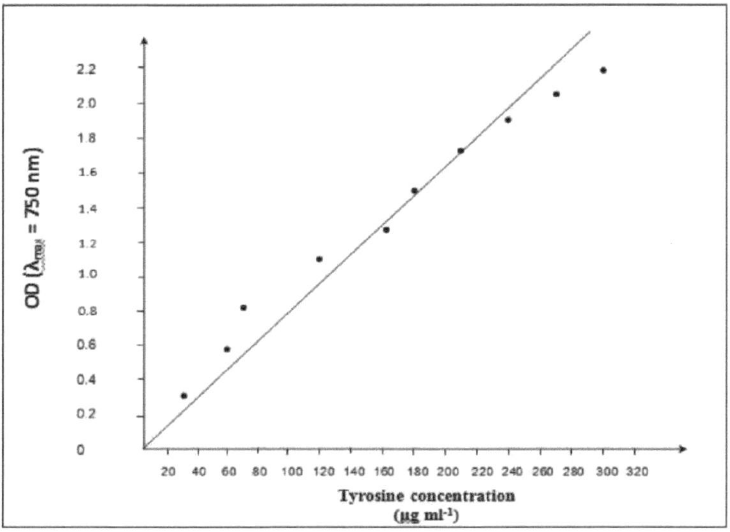

Fig. 12. Curva-padrão de tirosina

g. Purificação parcial da enzima de coagulação do leite cru

Isto foi conseguido através da salga da solução de extrato de enzima bruta com sulfato de amónio (Gomori, 1955 e Dixon & Webb, 1964), precipitação com acetona e etanol separadamente (El-Zalaki *et al.*, 1974 e El-Aassar *et al.*, 1992). A solução enzimática foi preparada dissolvendo uma quantidade da enzima bruta seca em 100 ml de água destilada, para dar uma concentração final de proteína de cerca de 4 mg/ml. Esta solução foi então centrifugada numa centrífuga de arrefecimento para separar a lama enzimática e o sobrenadante claro foi utilizado em diferentes processos de precipitação, conforme descrito abaixo.

1. Salga com sulfato de amónio

a. Precipitação fraccionada com sulfato de amónio

A solução enzimática foi mantida num banho de gelo e sal. Seguiu-se a adição lenta de sulfato de amónio sólido, com agitação até se atingir a saturação necessária de sulfato de amónio. A solução foi deixada durante 2 horas e depois centrifugada (2012 g) durante 10 minutos numa centrífuga de arrefecimento para separar a primeira fração enzimática. Foi adicionado mais sulfato de amónio ao fluido sobrenadante e o processo foi repetido até a saturação final de sulfato de amónio atingir 100 %. Obtiveram-se assim várias fracções enzimáticas com saturações de sulfato de amónio de 40, 50, 60, 70, 80, 90 e 100%. Em seguida, cada precipitado foi dissolvido em 10 ml de água destilada e dialisado contra água destilada num saco de diálise e mantido no frigorífico. A água destilada no exterior do saco foi mudada várias vezes até não serem detectados iões sulfato no exterior do saco, utilizando uma solução de cloreto de bário a 1% (w/v) como detetor. Após a diálise completa, foi determinado o teor de proteínas e a atividade de coagulação do leite de cada fração.

b. Precipitação em massa com sulfato de amónio

Neste método, foram utilizadas várias soluções de enzimas com a mesma concentração (4 mg /ml) separadamente para cada concentração de sulfato de amónio necessária.

A solução enzimática foi mantida num banho de gelo e sal. Em seguida, adicionou-se lentamente sulfato de amónio, agitando até se obter a concentração necessária de sulfato de amónio. A solução foi deixada durante 2 horas e depois centrifugada (2012 g) durante 10 minutos numa centrífuga de arrefecimento. Em seguida, cada precipitado foi dissolvido em 10 ml de água destilada e dialisado contra água destilada num saco de diálise e mantido no frigorífico. A água destilada fora do saco foi mudada várias vezes até não serem detectados iões sulfato fora do saco, utilizando uma solução de cloreto de bário a 1% (p/v). Após diálise completa, foram determinados o teor de proteínas e a atividade de coagulação do leite da fração.

Outra solução enzimática foi precipitada com a seguinte concentração mais elevada de sulfato de amónio, tal como descrito para a primeira concentração de sulfato de amónio. Este procedimento foi repetido com diferentes concentrações de sulfato de amónio para obter diferentes precipitados de enzimas a 50 e 100% de sulfato de amónio. O teor de proteínas e a atividade de coagulação do leite de cada fração foram determinados.

2. Precipitação com acetona

a. Precipitação fraccionada com acetona

A solução enzimática foi tratada com volumes crescentes de acetona (arrefecida a -5°C um dia antes da utilização). Cada volume de acetona fria foi adicionado lentamente, com agitação, à solução enzimática fria (mantida num banho de gelo e sal) até se atingir a concentração necessária de acetona. Depois de remover a fração precipitada por centrifugação (2012 g) durante 10 minutos numa centrífuga de arrefecimento, adicionou-se mais acetona ao fluido sobrenadante e repetiu-se o processo para obter várias fracções de enzimas a 40, 50, 60, 70, 80 e 90% de acetona. Estas fracções foram secas à temperatura ambiente num exsicador de vácuo. O conteúdo proteico e a atividade de coagulação do leite de cada fração foram determinados.

3. Precipitação com etanol

a. Precipitação fraccionada com etanol

A solução enzimática foi tratada com volumes crescentes de álcool etílico (arrefecido a 50C um dia antes da utilização). Um determinado volume de etanol frio foi adicionado lentamente, agitando, à solução enzimática fria (mantida num banho de gelo e sal) até se atingir a concentração necessária de etanol . Após a remoção da fração precipitada por centrifugação a 3012 g durante 11 minutos numa centrífuga de arrefecimento, foi adicionado mais etanol ao fluido sobrenadante e o processo foi repetido para obter várias fracções de enzimas: 30, 40, 50, 60, 70, 80 e 90% de etanol. Estas fracções foram secas à temperatura ambiente num exsicador de vácuo. O conteúdo proteico e a atividade de coagulação do leite de cada fração foram determinados.

b. Precipitação em massa com etanol

Neste método, foi utilizada uma solução de enzima separada com a concentração acima referida (4mg/ml) para cada concentração necessária.

A solução enzimática foi mantida num banho de gelo e sal. Seguiu-se a adição lenta de etanol, agitando até se obter a concentração necessária de etanol. A solução foi centrifugada a 2012 g durante 11 minutos numa centrífuga de arrefecimento. A fração foi seca à temperatura ambiente num exsicador de vácuo. O teor de proteínas e a atividade de coagulação do leite foram determinados para a fração.

Outra solução enzimática foi precipitada com a seguinte

concentração mais elevada de etanol, aplicando o mesmo procedimento para a primeira concentração. Este procedimento foi repetido para diferentes concentrações de etanol, de modo a obter diferentes precipitados enzimáticos a 70% de etanol. Esta fração foi seca à temperatura ambiente num exsicador a vácuo. O teor de proteínas e a atividade de coagulação do leite de todas as fracções foram determinados.

h. Propriedades gerais e cinética das preparações de enzimas de coagulação do leite

Foram estudadas algumas propriedades das formas brutas e parcialmente purificadas da enzima de coagulação do leite:

1. Concentração da proteína enzimática

Nesta experiência, foi investigado o efeito da concentração da proteína enzimática na atividade enzimática. Foram utilizadas diferentes concentrações de proteína enzimática para determinar a concentração óptima que conduz à maior atividade enzimática.

2. A concentração de substrato (DSM)

Foi estudado o efeito da concentração de substrato na atividade enzimática, utilizando diferentes concentrações de leite desnatado: 8, 10, 12 e 15% (w/v) na mistura de reação enzimática. Em seguida, as actividades enzimáticas foram medidas como descrito anteriormente.

3. pH de reação

Para estudar o efeito do pH de reação na atividade enzimática, foram aplicados dois sistemas tampão, o tampão acetato 0,1M (pH 5 - 5,6) e o tampão citrato 0,1M (pH 6,2). A reação foi realizada como mencionado acima, utilizando o sistema tampão adequado de acordo com o valor de pH pretendido, depois foram determinadas as condições óptimas e as actividades enzimáticas em cada caso para determinar o pH de reação ótimo.

4. Temperatura de reação

As misturas de reação idênticas foram incubadas às seguintes temperaturas: 30, 40, 45, 50, 55, e 60°C aplicando todas as condições óptimas especificadas nas experiências anteriores, depois as actividades enzimáticas foram medidas como descrito anteriormente e a temperatura óptima de reação foi registada.

5. Concentração de $CaCl_2$

Foi testado o efeito de diferentes concentrações de $CaCl_2$, de 5 a 200 mM, na mistura de reação normal, para detetar a concentração adequada que conduz à atividade mais elevada.

i. pH e estabilidade térmica da preparação enzimática

Nesta experiência, apenas as soluções enzimáticas foram pré-aquecidas separadamente a diferentes temperaturas (45, 55 e 65oC), e a diferentes valores de pH de 5,2, 5,6 - 6,2 durante diferentes intervalos de tempo (15, 30 e 60 min), sendo depois aplicadas à mistura de reação normal. A reação foi conduzida nas condições óptimas previamente especificadas da forma habitual. As actividades enzimáticas residuais foram determinadas.

j. Estudos de ativação e inibição da preparação enzimática parcialmente purificada

Esta experiência foi efectuada para a preparação vegetal

parcialmente purificada, incubando cada uma das seguintes substâncias testadas: $CaCl_2$, $BaCl_2$, $MgSO_4$, $CuSO_4$, $FeSO_4$, $MnSO_4$, NaCl, KCl, EDTA e Cystiene HCl, em diferentes concentrações (0,001, 0,01 e 0,1 M), com a solução enzimática parcialmente purificada a 55°C durante 15 min. O complexo enzima-substância pré-aquecido, a 55°C, foi aplicado na mistura de reação habitual e a atividade foi então determinada para detetar o efeito de cada substância na atividade enzimática.

k. Aplicação da enzima de coagulação do leite de *A. marianum* parcialmente purificada em diferentes amostras de leite

A enzima coagulante do leite de *S. marianum* parcialmente purificada foi aplicada a diferentes amostras de leite, incluindo leite fresco (vaca, búfalo, cabra, camelo), em pó (leite desnatado; controlo, nata completa) e pasteurizado (leite desnatado, nata completa) e a atividade enzimática relativa foi determinada para cada amostra.

l. Determinação das constantes cinéticas [K_m e V_{max}] por gráfico de Woolf

Os resultados do efeito da concentração de substrato na atividade da enzima foram aplicados para determinar os valores das constantes cinéticas K_m (constante de Michaelis) e V_{max} (a velocidade máxima da reação) através do gráfico de Woolf. Isto foi conseguido através da representação gráfica da concentração de substrato, dividida pela velocidade ([S]/υ) versus a concentração de substrato [S], que é conhecida como gráfico de Woolf. Os interceptos verticais e horizontais assemelham-se a $K_{(m)}/V_{max}$ e K_m, na mesma ordem foram calculados.

CAPÍTULO 4

RESULTADOS E DISCUSSÃO

Aproximadamente um terço da produção total de leite a nível mundial é utilizado no fabrico de queijo para conservar os componentes mais desejáveis do leite, como a caseína, a gordura, o cálcio e o fósforo (Adda *et al.*, 1982).

As enzimas de coagulação do leite são os principais agentes activos no fabrico de queijos. O aumento mundial da produção de queijo, juntamente com a redução da oferta de coalho de vitelo, levou a um aumento da procura de fontes alternativas de coagulantes do leite (Cavalcanti *et al.*, 2004).

A utilização de coagulantes vegetais contribui para melhorar a ingestão nutricional das pessoas cuja utilização de coalho animal é limitada (Gupta & Eskin, 1977). O coalho microbiano produzido por bactérias e bolores geneticamente modificados provou ser um substituto adequado para o coalho animal, mas tem sido dada uma atenção crescente ao coalho natural extraído de plantas (Tavaria *et al.*, 2001).

Os coagulantes vegetais são de interesse crescente, uma vez que a utilização de coalho animal pode ser limitada devido à proibição do abate de vitelos, também devido a restrições religiosas relacionadas com a proibição da carne de porco e de outras partes no Islão e no Judaísmo, bem como à proibição da utilização de coalho de vitelo recombinante, como na Alemanha, França e Países Baixos (Roseiro *et al.*, 2003).

Vários extractos de plantas foram também utilizados como coalho vegetal, como os de *Benincasa cerifera* (Gupta e Eskin, 1977),

Zingiber officinale, *Asparagus officinalis*, *Ficus carica*, *Actinidia chinensis* e *Ananas comosus* (Yamaguchi *et al.*, 1982), *Calotropis procera* (Aworh & Nakai, 1986 e Aworh & Muller, 1987), *Dieffenbachia maculata* (Padmanabhan *et al.*, 1993). A atividade de coagulação do leite também foi encontrada em flores de *Centaurea calcitrapa*, *Onopordum turcicum* e *Silybum marianum* (Domingos *et al.*, 1998; Tamer, 1993 e Vairo *et al.*, 2005), que pertencem à família Asteraceae (Ariza-Espinar e Delucchi, 1998).

Vairo *et al.* (2005) relataram que as flores de *S. marianum* contêm proteinases aspárticas que afectam a coagulação do leite e estudaram o padrão de degradação do Na-caseinato bovino pelas proteinases aspárticas de *S. marianum, que* foi considerado como uma nova fonte de coalho vegetal, com utilidade e caraterísticas distintas para a indústria leiteira.

O presente estudo foi realizado com a planta selvagem egípcia *Silybum marianum,* particularmente das regiões costeiras egípcias e das margens do rio Nilo, como uma fonte vegetal preferível de coalho. A insistência constante e a procura crescente de substitutos do coalho, especialmente os que transformam a caseína solúvel em para-caseína insolúvel sem proteólise adicional, justificam a preferência pelas enzimas vegetais de coagulação do leite (MCE). Isto também se aplica de acordo com a sua elevada disponibilidade a baixos custos, elevada segurança, viabilidade e eficiência para a produção e fabrico de queijos, em vez da sua elevada aptidão para outras indústrias médicas.

1. Análise das partes frescas *de 5. marianum* quanto à atividade coagulante do leite.

Diferentes partes da planta *S. marianum* (floridas ou com

sementes) foram recolhidas e analisadas quanto à sua atividade de coagulação do leite (MCA) de acordo com o método descrito por Arima e Iwasaki (1970). Os dados (Tabelas 3, 4 & Fig. 13) demonstraram que os extractos das sementes e das flores exibiram a maior atividade de coagulação do leite com níveis de atividade variáveis nas outras partes frescas da planta (cabeça residual, folhas, caule e raízes).

Os níveis de proteína total dos diferentes extractos de partes de plantas (mg de proteína/parte fresca de planta) e a atividade total de coagulação do leite de cada parte de planta (U/parte fresca de planta) foram determinados como indicado no Quadro (3). O estudo também foi efectuado para as sementes e os dados obtidos são apresentados no Quadro (4). A atividade específica mais elevada ($U.mg^{-1}$ de proteína) foi detectada nas sementes da planta, seguida das flores e depois das outras partes da planta, que possuíam actividades específicas variáveis (Quadros 3 e 4). É digno de nota que os diferentes extractos de *S. marianum* de diferentes partes da planta possuíam valores de pH semelhantes, que variavam dentro de um intervalo muito limitado (6-6,2).

Definitivamente, os extractos das sementes e das flores possuíam a maior atividade de coagulação do leite com as actividades específicas mais elevadas, pelo que as duas partes da planta anteriores foram escolhidas para todos os estudos subsequentes.

A este respeito, muitos autores detectaram actividades de coalho em algumas partes da planta como flores de algumas espécies de cardo (Verissimo *et al.*, 1996 e Cordeiro *et al.*, 1994), também flores de *Centaurea calcitrapa* (Tamer, 1993), *Onopordum turcicum* (Domingos *et al.*, 1998) e *Silybum marianum* (Vairo *et al.*, 2005). Saleh (2004) relatou que a maior atividade de coagulação do leite foi encontrada nas flores de *S. marianum* com um nível de atividade constitutivo nas outras partes da planta (caule e cabeças), onde as enzimas das flores possuíam 20 e 8 vezes mais atividade do que as do caule e da cabeça residual, respetivamente.

Tabela 3. Padrão de actividades das enzimas de coagulação do leite em extractos de diferentes partes floridas da planta *5. marianum*.

Plant part	Fresh wt. (g)	0.1M-citrate buffer (pH 6.2) extract[a]			
		Total protein (mg)	Total protein (%, w/w)	Total activity (U)[b]	Specific activity (U. mg^{-1} protein)
Flowers	23.55	291	1.23	340	1.17
Residual heads	24.36	621	2.54	280	0.45
Leaves	45.75	951	2.07	224	0.20
Stem	36.16	208	0.57	83	0.40
Roots	8.68	111	1.27	-	-
Total	138.5	2282	1.64	927	0.41

(a) Parte da planta: tampão = 1:5 (w/v)

(b) Uma unidade de atividade enzimática (U) = uma unidade de atividade de coagulação do leite (mcu).

Tabela 4. Padrão de atividade da enzima de coagulação do leite no extrato de sementes de *S. marianum*.

Plant seeds wt. (g)	0.1M-citrate buffer (pH 6.2) extract[a]			
	Total protein (mg)	Total protein (%, w/w)	Total activity (U)[b]	Specific activity (U. mg-1 protein)
11.1	251.88	2.26	1050	4.17

(a) Sementes: tampão = 1:5 (w/v).

(b) Uma unidade de atividade enzimática (U) = uma unidade de atividade de coagulação do leite (mcu).

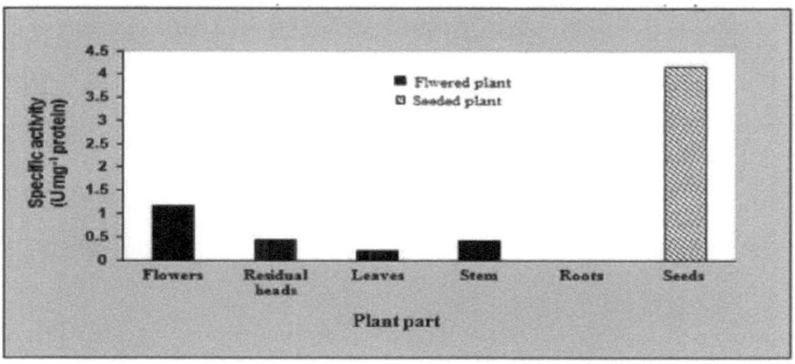

Fig. 13. Padrão de actividades das enzimas de coagulação do leite em extractos de diferentes partes da planta de *S. marianum* com flor e semente.

2. Efeito de diferentes agentes de extração das enzimas de coagulação do leite de *5. marianum.*

De acordo com toda a investigação anterior, o extrato de sementes de *S. marianum* proporcionou as enzimas de coagulação do leite mais eficazes, seguido do extrato de flores. Por conseguinte, as duas partes da planta acima referidas foram escolhidas para todos os estudos subsequentes.

Neste experimento, o efeito de diferentes agentes extratores de *S. marianum* (MCE) de flores ou sementes de plantas foi estudado, incluindo a extração por tampão citrato 0,1M (pH 6,2), solução de cloreto de sódio NaCl 0,9% (w/v) e água destilada (H_2O). Os dados mostrados na Tabela 5 e Fig. 14, mostram que a ação máxima de coagulação (MCA) em flores e sementes foi obtida por extração de tampão citrato 0,1M (pH 6,2) que totalizou 1,36 & 4,2 U, e possuía a maior atividade específica (0,54 & 1,11 mg^{-1} proteína, respetivamente).

A este respeito, Vairo Cavalli *et al.* (2005) extraíram a enzima das flores frescas de *Silybum marianum* (L.) Gaertn, que foram trituradas num almofariz sob azoto líquido e homogeneizadas em tampão de ácido cítrico 0,1 M e citrato de sódio 0,1 M (pH 3,0).

Tabela 5. Efeito de diferentes agentes de extração das enzimas de coagulação do leite de *5. marianum*.

Plant part	Extracting agent								
	Citrate buffer 0.1M (pH 6.2)			NaCl 0.9% (w/v)			H_2O		
	MCA (U)	Protein content (mg/ml)	Specific activity (U. mg^{-1} protein)	MCA (U)	Protein content (mg/ml)	Specific activity (U. mg^{-1} protein)	MCA (U)	Protein content (mg)	Specific activity (U mg^{-1} protein)
Flowers	1.36	2.5	0. 54	1.08	2.9	0. 37	1.16	2.8	0. 41
Seeds	4.2	3.6	1.11	2.88	4	0. 72	3.2	3.7	0. 86

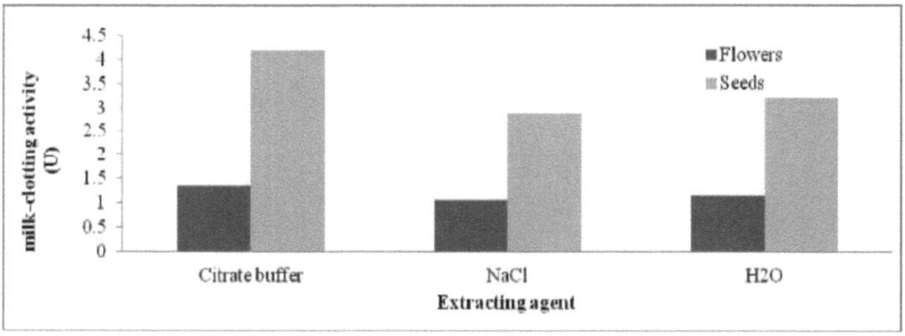

Fig. 14. Efeito de diferentes agentes de extração das enzimas de coagulação do leite de *5. marianum* (flores e sementes).

n. Propriedades das enzimas coagulantes do leite de *5. marianum* em extractos brutos (flores e sementes).

Nesta experiência, foram estudadas as propriedades gerais das enzimas de coagulação do leite extraídas de flores ou sementes de plantas. O estudo incluiu os efeitos da temperatura de reação, da concentração de $CaCl_2$, da concentração de substrato (leite desnatado seco, DSM) e da concentração de proteína enzimática na atividade de coagulação do leite.

a. Efeito da temperatura na atividade de coagulação do leite.

Foi estudado o efeito da temperatura na atividade da enzima bruta em cada extrato de flores e sementes. Foram aplicadas as seguintes temperaturas de reação: 30, 40, 45, 50, 55 e 60°C. A mistura de reação continha 2,5 ml da amostra de enzima e foi incubada com 10 ml de leite desnatado reconstituído (12 g de leite seco/100 ml, 0,01M-$CaCl_2$) a pH 6,5. A atividade de coagulação do leite foi determinada para cada temperatura de reação.

Os dados apresentados no quadro (6) e na figura (15) mostram que a ação de coagulação máxima (2 U) para o extrato de flores foi detectada a 50OC. Uma temperatura mais elevada reduziu a atividade de coagulação em 10 e 12 % quando a temperatura foi aumentada para 55 oc e 60 oc, respetivamente. Por outro lado, temperaturas mais baixas também diminuem a atividade e o valor mais baixo (0,72 U) foi obtido a 30 oc. Para o extrato de sementes, a atividade máxima (8,88 U) foi encontrada a 55 oc. Em geral, as actividades dos extractos de sementes foram mais elevadas do que as do extrato de flores (Quadro 6). O aumento das temperaturas de reação levou a uma diminuição gradual da atividade. A atividade mais baixa também foi registada a 30 oc

(2,64 U). A maior atividade de coagulação do leite no extrato de sementes da planta é 4,4 vezes superior à do extrato de flores. Além disso, as actividades consideráveis das enzimas das flores e das sementes a temperaturas de reação mais elevadas indicaram a elevada termoestabilidade do complexo enzima-substrato na reação. A enzima a 60 °C manteve 88 e 90 % da sua atividade óptima para as flores e sementes, respetivamente (Quadro 6 e Fig. 15).

Tabela 6. Efeito da temperatura de reação dos extractos brutos das flores e das sementes de *S. marianum* na atividade das clotinas lácteas.

Reaction temp. (°C)	Milk-clotting activity (U)	
	Flowers	Seeds
30	0.72	2.64
40	1.36	3.80
45	1.76	4.84
50	2.00	6.64
55	1.80	8.88
60	1.76	8.00

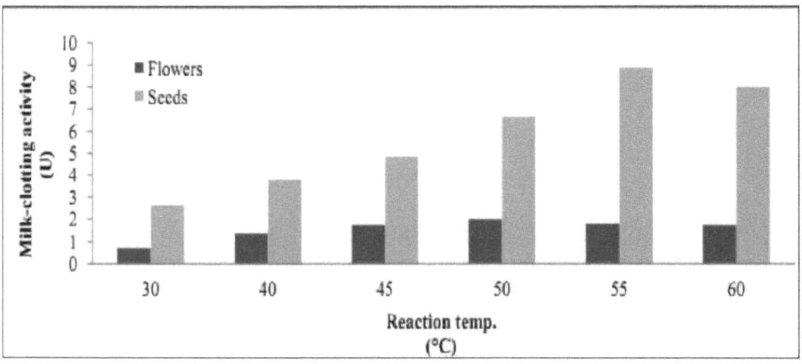

Fig. 15. Comparação entre o efeito da temperatura de reação dos extractos brutos de flores e sementes de *S. marianum* na atividade de coagulação do leite.

b. Efeito da concentração de $CaCl_2$ na atividade de coagulação do leite.

Estudou-se o efeito da concentração de $CaCl_2$ (5-200 mM) na atividade enzimática, aplicando as condições óptimas anteriormente mencionadas.

A atividade mais elevada das enzimas brutas (para o extrato de flores) ascendeu a 3,32 U, a uma concentração de 100 mM de $CaCl_2$ (Quadro 7 e Fig. 16). A concentração mais baixa de $CaCl_2$ levou a uma diminuição da atividade e a atividade enzimática mais baixa foi registada a 5mM de $CaCl_2$. No entanto, o aumento da concentração de $CaCl_2$ aumentou a atividade enzimática e atingiu o máximo (3,32 U) a 100 mM, tendo depois diminuído (2,82 U a 200 mM de $CaCl_2$). A mesma tendência foi observada para o extrato de sementes (Quadro 7 e Fig. 16), mas a taxa de aumento da atividade foi mais elevada. A 100 mM de $CaCl_2$ a atividade atingiu 25 U. Vale a pena mencionar que a atividade óptima notável no extrato de sementes excede 7,5 vezes a do extrato de flores a 100 mM de $CaCl_2$ na mistura de reação.

Neste contexto, o cálcio tem uma função importante na reação de agregação da caseína durante o segundo passo (não enzimático), em que a melhoria do passo não enzimático da reação de coagulação do leite aumenta a taxa de coagulação, de acordo com muitos autores (Arima *et al.*, 1970; Kumar *et al.*, 2005 & El-Bendary *et al.*, 2007).

Tabela 7. Efeito da concentração de CaCl2 no extrato bruto das flores e sementes de *S. marianum* na atividade de coagulação do leite.

$CaCl_2$ concentration (mM)	Milk- clotting activity (U)	
	Flowers	Seeds
5	1.40	5.68
10 (Control)	1.72	10.00
15	2.00	10.52
20	2.16	11.4
25	2.48	13.32
100	3.32	25.00
150	3.32	23.52
200	2.84	20.00

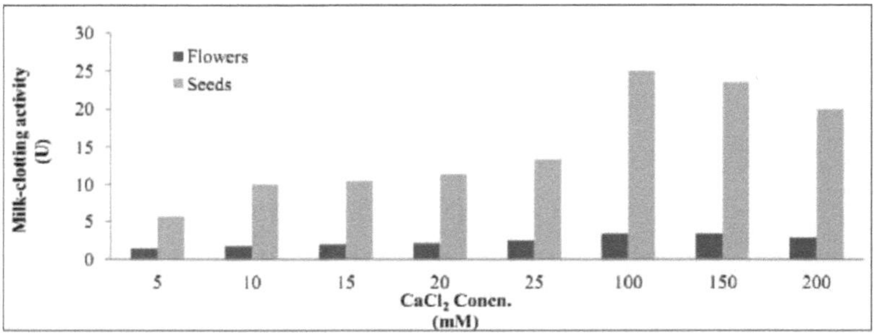

Fig. 16. Comparação entre o efeito da concentração de CaCl2 no extrato bruto das flores e sementes de *S. marianum* e a atividade de coagulação do leite.

c. Efeito da concentração de substrato (DSM) na atividade de coagulação do leite.

O efeito da concentração de DSM na atividade enzimática foi estudado, utilizando diferentes concentrações que variam entre 8 - 15 % (w/v) na mistura de reação, (aplicando todas as condições óptimas anteriormente mencionadas).

Os resultados registados na Tabela (8) e representados graficamente na Fig. (17) mostraram que a atividade enzimática bruta das flores aumentou gradualmente com o aumento da concentração de substrato (DSM) até 10% (w/v), que proporcionou a maior atividade (3,9 U). Acima de 10% (w/v) de concentração de DSM, a atividade diminuiu, portanto, 14,9% menos atividade foi registrada em 12% (w/v) de concentração de DSM. Consequentemente, 10% (w/v) DSM foi aplicado nas próximas experiências. Por outro lado, os dados mostrados na (Tabela 8) exibiram uma relação direta entre a atividade de coagulação do leite de concentração de substrato e o extrato de sementes. Acima de 10% (w/v) DSM a atividade foi diminuída em 5% do ótimo foi registrado na concentração de 12% (w/v) DSM. É melhor mencionar que, nas mesmas condições, a atividade no extrato de sementes foi 5,4 vezes maior do que no extrato de flores. Consequentemente, 10% (w/v) DSM também foi aplicado nas próximas experiências de extrato de sementes.

A relação entre a concentração de DSM e as taxas enzimáticas com os dois tipos de enzimas foi traçada (Fig. 18 e Fig. 19). Passa pelo máximo na concentração de substrato de 10 % (w/v) e o desvio para a relação hiperbólica normal conhecida pode ser devido à impureza da enzima (Ferdinand, 1976).

Tabela 8. Efeito da concentração do substrato (DSM) na atividade de coagulação do leite do extrato de flores e sementes de *S. marianum*.

DSM concn. (%, W/V)	Milk clotting activity (U)	
	Flowers	Seeds
8	2.90	14.56
10	3.90	21.06
12 (Control)	3.32	20
15	3.10	20.70

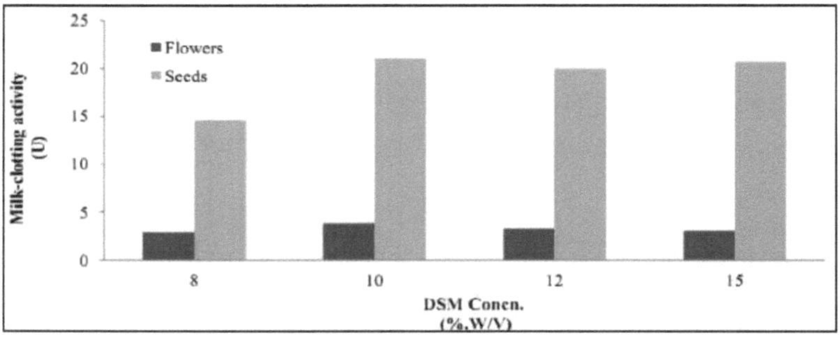

Fig. 17. Comparação entre a atividade de coagulação do leite dos extractos brutos das flores e sementes de *S. marianum* em função da concentração de substrato (DSM).

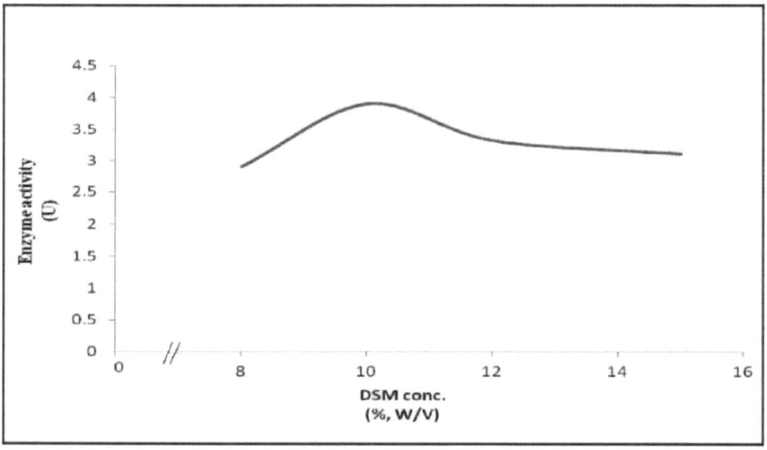

Fig.18. Efeito da concentração do substrato (DSM) na atividade de coagulação do leite do extrato de flores de *5. marianum*.

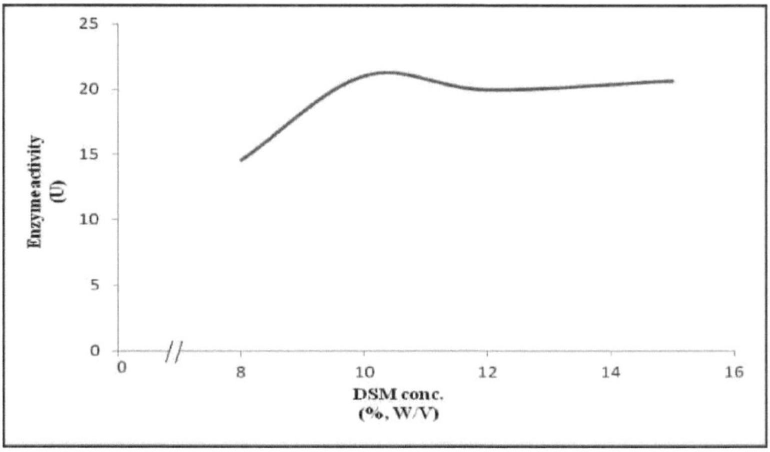

Fig.19. Efeito da concentração do substrato (DSM) na atividade de coagulação do leite do extrato de sementes de *5. marianum*.

d. Efeito da concentração da proteína enzimática na atividade de coagulação do leite.

Nesta experiência, foi estudado o efeito da concentração de proteína enzimática (variando de 2-7mg de proteína/ml) extraída de flores ou sementes na atividade de coagulação do leite (nas condições óptimas mencionadas anteriormente) .

Os dados do quadro 9 e da figura 20 mostraram que existia uma relação linear entre a atividade de coagulação do leite e a concentração proteica do extrato de flores, registando-se assim um aumento gradual da atividade com a proteína da enzima até 4 mg/ml, que mostrou a atividade enzimática máxima (5,53 U). No entanto, com concentrações proteicas mais elevadas, a atividade enzimática diminuiu gradualmente.

No que diz respeito ao extrato de sementes, a atividade de coagulação do leite (Quadro 9 e Fig. 18) também mostrou uma boa relação positiva entre a atividade enzimática e a concentração de proteínas. O valor ótimo de atividade (40,13 U) foi obtido à concentração de 6 mg/ml. Não se observou qualquer outro aumento da atividade com concentrações de proteína mais elevadas.

Os gráficos da Fig. 21 e da Fig. 22 representam a relação entre a concentração de proteína da enzima e a taxa de enzima. A diminuição gradual da atividade de coagulação com uma maior concentração de proteínas pode dever-se à presença de alguns inibidores na solução de enzima bruta aplicada na reação, tal como mencionado por Ferdinand (1976).

Tabela 9. Efeito da concentração da proteína enzimática na atividade de coagulação do leite do extrato de flores e sementes de *5. marianum*.

Enzyme protein concentration (mg/ml)	Milk clotting activity (U)	
	Flowers	Seeds
2	3.67	6.03
3	4.17	11.10
4	5.53	22.20
5	5.00	33.33
6	4.83	40.13
7	4.17	37.03

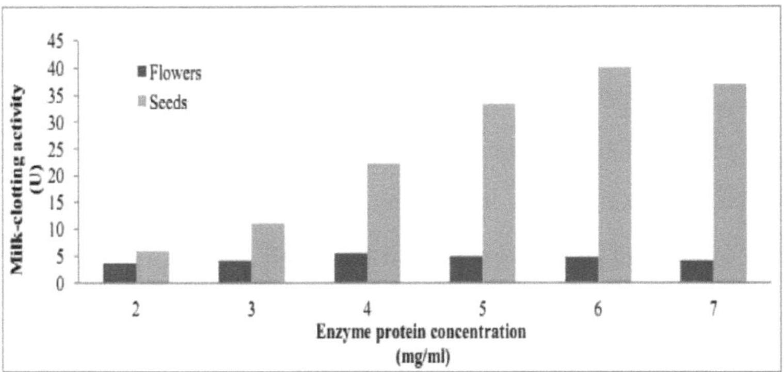

Fig. 20. Comparação entre o efeito da concentração de proteína enzimática no extrato de flores e sementes de *5. marianum* e a atividade de coagulação do leite.

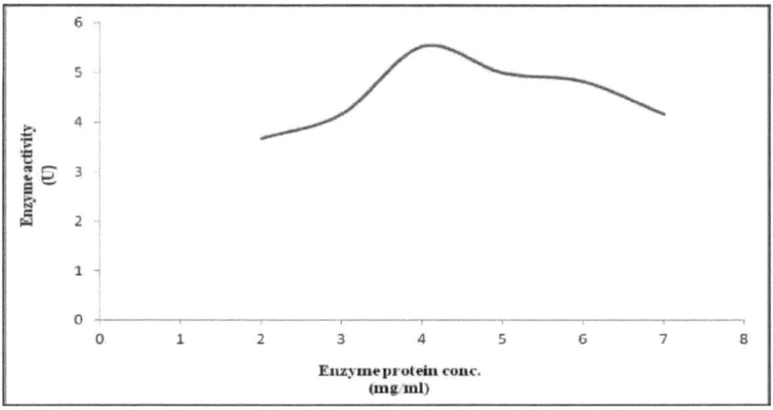

Fig. 21. Efeito da concentração da proteína enzimática na atividade de coagulação do leite do extrato de flores de *5. marianum.*

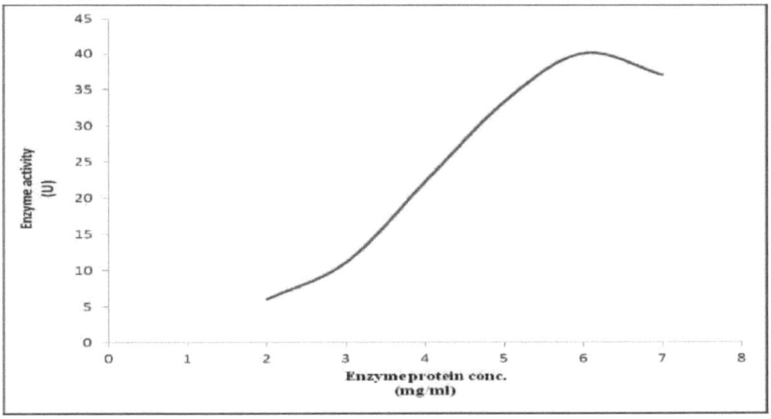

Fig. 22. Efeito da concentração da proteína enzimática na atividade coagulante do leite do extrato de sementes de *5. marianum.*

4. Purificação parcial dos extractos brutos de enzimas de coagulação do leite de *S. marianum* (flores e sementes)

Os extractos das flores e das sementes foram separados e parcialmente purificados, utilizando diferentes agentes precipitantes, incluindo sulfato de amónio, etanol e acetona. Para tal, procedeu-se a uma salga fraccionada com diferentes quantidades de sulfato de amónio, a uma precipitação fraccionada com etanol ou a uma precipitação com acetona. A precipitação fraccionada mais eficiente por qualquer um dos três agentes precipitantes foi então escolhida para ser aplicada na precipitação enzimática em lote.

a. Precipitação fraccionada das enzimas de coagulação do leite das flores e sementes de *S. marianum*

1. Salga com sulfato de amónio

Os resultados da purificação parcial do extrato de flores por salga fraccionada com sulfato de amónio estão resumidos no quadro 1 e nas figuras 23 e 24.

A saturação com sulfato de amónio a 4O% de saturação apresentou a fração proteica mais elevada (l6,ll mg), o que representou 7,83% de recuperação da proteína inicial. A fração de saturação a 8O% recuperou apenas 3,9% da proteína inicial. As outras fracções (5O, 6O, 7O, 9O & lOO % de saturação com sulfato de amónio) apresentaram teores proteicos relativamente baixos (5,6l, l,8, 5,24, O,38 & l,O2 mg, respetivamente). Paralelamente, a fração precipitada com uma saturação de 4O% apresentou a maior atividade de coagulação do leite (l9,67 U) e recuperou a proteína em 7,83% e a atividade em 2O,4% da proteína original, o que representa uma purificação de 2,6 vezes. Com 5O % de saturação, a atividade total obtida da fração foi de (7,93 U). As outras fracções apresentaram actividades de coagulação do leite inferiores. É digno de nota que as fracções obtidas por saturação a 90% e 100% foram as mais pobres em conteúdo proteico e não apresentaram qualquer atividade.

A precipitação fraccionada do extrato de sementes com sulfato de amónio foi tabulada na Tabela 11 e nas Figs. 25 e 26. Também a fração de 40% de sulfato de amónio possuía o nível mais elevado de proteínas (30,98 mg), o que representa 12,64% de recuperação de proteínas e exibiu a atividade mais elevada (91,21 U) e 1,96 dobras de purificação, respetivamente. Seguiu-se a fração de 50%, que possuía 9,5 mg de proteínas, representando 3,87% de recuperação, e oferecia uma atividade de 15,25 U com 1,07 dobras de purificação. As outras fracções (100, 80 e 60% de sulfato de amónio) tinham teores proteicos mais baixos (3,9, 2,88 e 2,5 mg, respetivamente) e actividades enzimáticas (0,73, 0,63 e 1,17 U). A 70 e 90% de saturação de sulfato de amónio não ocorreu precipitação.

Tabela 10. Precipitação fraccionada das enzimas coagulantes do leite do extrato de flores de *S. marianum* por salga com sulfato de amónio.

$(NH_4)_2SO_4$ Saturation (%)	Total protein of the fraction (mg)	Recovered protein (%)	Total activity of fraction (U)	Recovered activity (%)	Specific activity of fraction (U. mg^{-1} protein)	Purification fold
None	205.6	100	96.33	100	0.47	1
40	16.11	7.83	19.67	20.41	1.22	2.60
50	5.61	2.48	7.93	8.23	1.41	3.00
60	1.8	0.87	2.93	3.04	1.63	3.47
70	5.24	2.54	4.60	4.77	0.88	1.87
80	8.03	3.90	3.30	3.42	0.41	0.87
90	0.38	0.18			NA*	
100	1.02	0.49			NA*	
Total	38.19	18.57	38.43	39.98	1.01	2.15

NA*= no activity

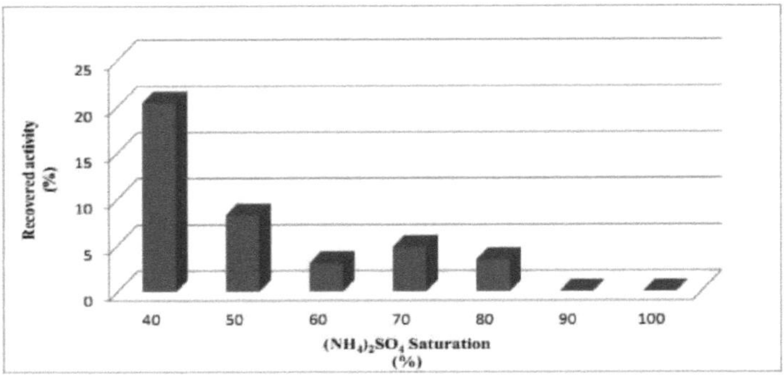

Fig. 23. Recuperação da atividade das enzimas coagulantes do leite do extrato das flores de *S. marianum* por precipitação fraccionada com sulfato de amónio.

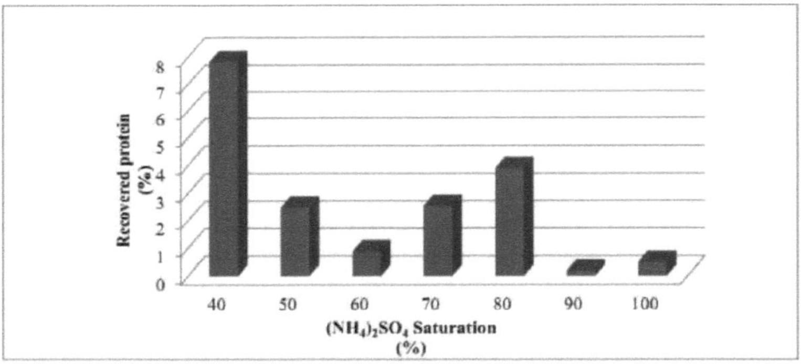

Fig. 24. Proteínas recuperadas do extrato de flores de *S. marianum* por precipitação fraccionada com sulfato de amónio.

Tabela 11. Precipitação fraccionada das enzimas coagulantes do leite do extrato de sementes de *5. marianum* por salga com sulfato de amónio.

$(NH_4)_2SO_4$ Saturation (%)	Total protein of the fraction (mg)	Recovered protein (%)	Total activity of fraction (U)	Recovered activity (%)	Specific activity of fraction (U. mg^{-1} protein)	Purification fold
None	245	100	366.30	100	1.5	1
40	30.98	12.64	91.21	24.90	2.94	1.96
50	9.50	3.87	15.25	4.16	1.61	1.07
60	2.50	1.02	1.17	0.31	0.47	0.31
70			NP*			
80	2.88	1.17	0.63	0.17	0.22	0.15
90			NP*			
100	3.90	1.49	0.73	0.2	0.19	0.13
Total	49.76	20.31	108.99	29.75	2.20	1.47

NP* = no precipitation

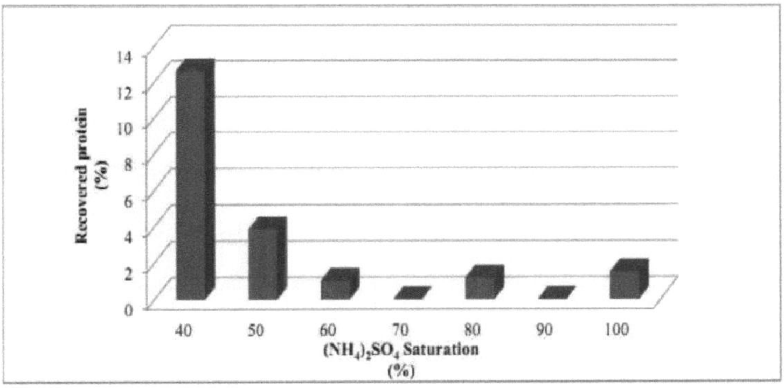

Fig. 25. Proteínas recuperadas do extrato de sementes de *5. marianum* por precipitação fraccionada com sulfato de amónio

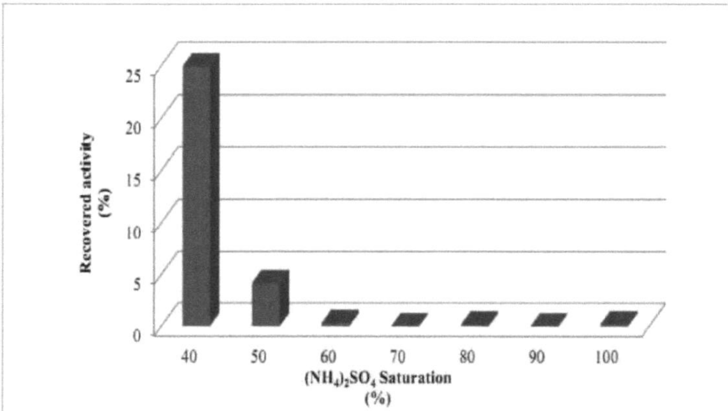

Fig. 26. Recuperação da atividade das enzimas coagulantes do leite do extrato de sementes de *5. marianum* por precipitação fraccionada com sulfato de amónio.

2. Fracionamento com etanol

Os dados relativos à precipitação fraccionada do extrato de flores com etanol são apresentados no quadro 12 e nas figuras 27 e 28. O nível proteico das fracções precipitadas com etanol mostrou que a fração com 40% de etanol possuía a proteína mais elevada (25,5 mg) e uma atividade considerável (20,28 U), o que equivalia a 11,18 e 18,28 % da proteína e da atividade originais, respetivamente. Embora a fração de etanol a 70% não fosse a mais rica em proteínas (15,16 mg), forneceu as unidades de atividade mais elevadas (31,63 U), recuperando 28,5% do original com o nível de purificação mais elevado (4,27 vezes). As fracções de etanol a 80 e 90% não tinham qualquer atividade de coagulação do leite.

A precipitação fraccionada do extrato de sementes com etanol foi apresentada na (Tabela 13 e Fig. 29&30). Os dados indicaram que os níveis de proteína das fracções obtidas pela fração de 40% de etanol possuíam o nível de proteína mais elevado (50,78 mg), representando 19,98% de recuperação do inicial. As outras fracções (60, 70, 50, 80 e 90 % de etanol) tiveram uma recuperação proteica relativamente baixa (3,9, 3,44, 2,79, 2,63 e 0,67%, respetivamente). Os dados também declararam que a fração de 40% de etanol apresentou a maior atividade de coagulação do leite (51,62 U), representando 13,47% de recuperação da atividade. No entanto, as outras fracções (60, 70, 50, 80 e 90 % de etanol) apresentaram uma atividade enzimática relativamente baixa (17,85, 10,66, 8,29, 5,33 e 1,33 U, respetivamente). Embora a fração de 60% de etanol possuísse a atividade específica mais elevada (1,79 U mg^{-1} de proteína) e um nível de purificação 1,19 vezes superior. No entanto, apresentou uma baixa recuperação de proteínas e de atividade (3,9 e 4,66%, respetivamente).

Tabela 12. Precipitação fraccionada em etanol do extrato das flores de *5. marianum*.

Ethanol Concn. (%)	Protein content of fraction (mg)	Recovered protein (%)	Total activity of fraction (U)	Recovered activity (%)	Specific activity of fraction (U. mg^{-1} protein)	Purification fold
None	228	100	110.99	100	0.49	1
40	25.5	11.18	20.28	18.28	0.8	1.63
50	6.27	2.75	2.70	2.43	0.43	0.88
60	7.09	3.11	8.13	7.32	1.15	2.34
70	15.16	6.64	31.63	28.50	2.09	4.27
80	20.12	8.82		NA*		
90	7.00	3.07		NA*		
Total	81.14	35.58	62.74	56.52	0.77	1.57

NA*= no activity

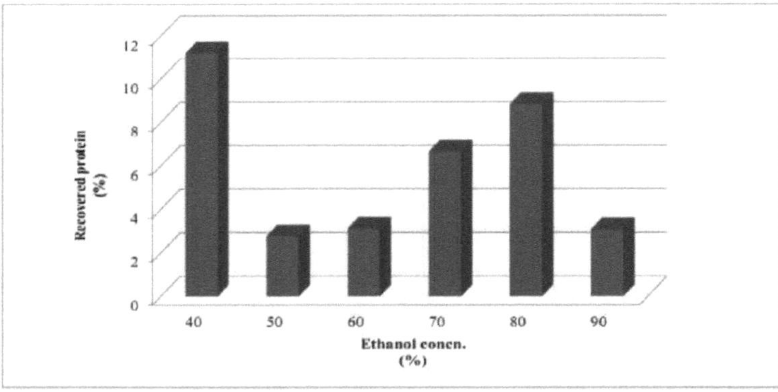

Fig. 27. Proteínas recuperadas do extrato de flores de *S. marianum* por precipitação fraccionada com etanol.

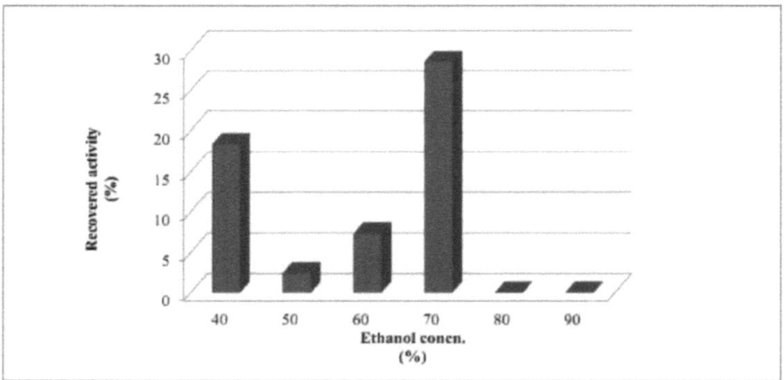

Fig. 28. Recuperação da atividade das enzimas coagulantes do leite das flores de *S. marianum* por precipitação fraccionada com etanol.

Tabela 13. Precipitação fraccionada em etanol do extrato de sementes de *5. marianum*.

Ethanol Concn. (%)	Protein content of fraction (mg)	Recovered protein (%)	Total activity of fraction (U)	Recovered activity (%)	Specific activity of fraction (U. mg^{-1} protein)	Purification fold
None	255.5	100	382.95	100	1.50	1
40	50.78	19.98	51.62	13.47	1.02	0.68
50	7.15	2.79	8.29	2.17	1.16	0.77
60	9.97	3.90	17.85	4.66	1.79	1.19
70	8.81	3.44	10.66	2.78	1.21	0.81
80	6.74	2.63	5.33	1.39	0.79	0.53
90	1.72	0.67	1.33	0.34	0.77	0.51
Total	85.17	37.76	95.07	24.82	1.12	0.75

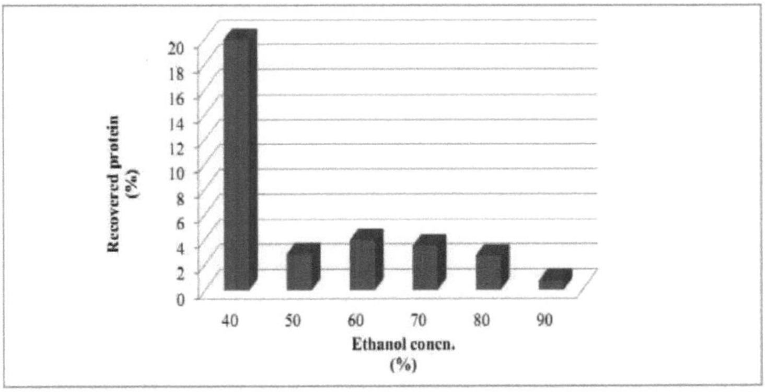

Fig. 29. Proteínas recuperadas do extrato de sementes de *5. marianum* por precipitação fraccionada com etanol.

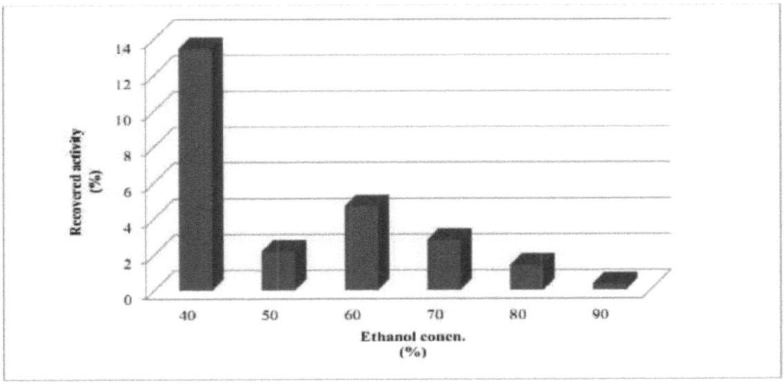

Fig. 30. Atividade recuperada das enzimas de coagulação do leite do extrato de sementes de *5. marianum* por precipitação fraccionada com etanol.

3. Fracionamento com acetona

Os dados relativos à precipitação fraccionada do extrato de flores com acetona são apresentados no quadro 14 e nas figuras 31 e 32, que indicam que a fração de 90% possui o teor proteico mais elevado (35,14 mg), que recupera 16,77% do original. Seguiram-se as fracções 70, 40, 80, 50 e 60%, que possuíam 16,31, 15,63, 7,98, 3,52 e 2,67 mg de proteínas, representando 7,79, 7,46, 3,81, 1,68 e 1,27% de recuperação proteica, respetivamente. A fração de 90% apresentou a maior atividade de coagulação do leite (15,18 U), o que representa 15,61% de recuperação da atividade, seguida das fracções de 70, 40, 60, 50 e 80%. Estas possuem 11,89, 11,32, 6,66, 3,60 e 1,6 U, o que representa 12,22, 11,64, 6,84, 3,96 e 1,64% de recuperação de atividade, respetivamente.

Por outro lado, a precipitação fracionada do extrato de sementes com acetona (Tabela 15 e Figs. 33 e 34) mostrou que a fração obtida com 70% de acetona foi a que apresentou o maior teor de proteína (43,01 mg) e recuperou 17,2% da original, seguida pelas frações 40, 50 e 80%, que possuem 39,74, 27,69 e 10,21 mg de proteína e representam 15,89, 11,07 e 4,08% de recuperação protéica, respetivamente. Por outro lado, com 60% e 90% de acetona, não houve precipitação no sobrenadante do extrato de sementes. De todas as fracções precipitadas, a fração de 50% de acetona foi a que apresentou a maior atividade de coagulação do leite (92,17 U), o que representou 20,96% de recuperação da atividade, e a mais purificada (1,89 vezes de purificação). Seguiram-se as fracções de 70 e 40 %, que possuíam 40,89 e 33,07 U e representavam 9,3 e 7,52% de recuperação da atividade, respetivamente. Por outro lado, a fração de 80% em acetona apresentou a atividade mais baixa (4,03 U), representando 0,91% de recuperação.

Tabela 14. Precipitação fraccionada em acetona do extrato de flores de *A. marianum*.

Acetone Concn. (%)	Protein content of fraction (mg)	Recovered protein (%)	Total activity of fraction (U)	Recovered activity (%)	Specific activity of fraction (U. mg^{-1} protein)	Purification fold
None	209.5	100	97.30	100	0.46	1
40	15.63	7.46	11.32	11.64	0.72	1.57
50	3.52	1.68	3.60	3.96	1.02	2.22
60	2.67	1.27	6.66	6.84	2.49	5.41
70	16.31	7.79	11.89	12.22	0.73	1.59
80	7.98	3.81	1.60	1.64	0.20	0.43
90	35.14	16.77	15.18	15.61	0.43	0.93
Total	81.25	38.78	50.25	51.64	0.62	1.35

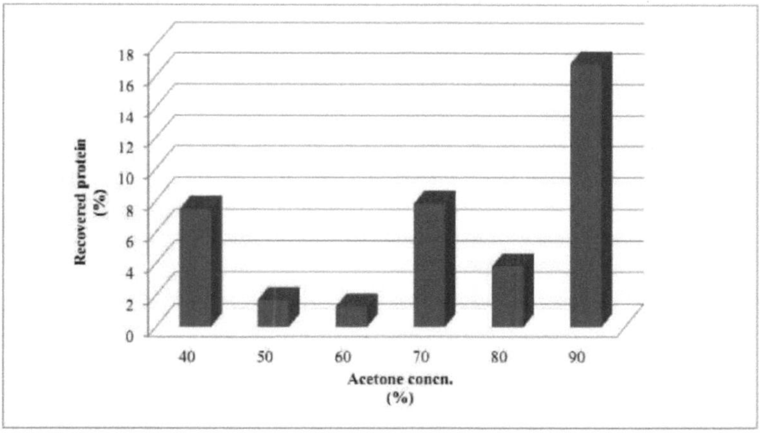

Fig. 31. Proteínas recuperadas do extrato de flores de *5. marianum* por precipitação fraccionada com acetona.

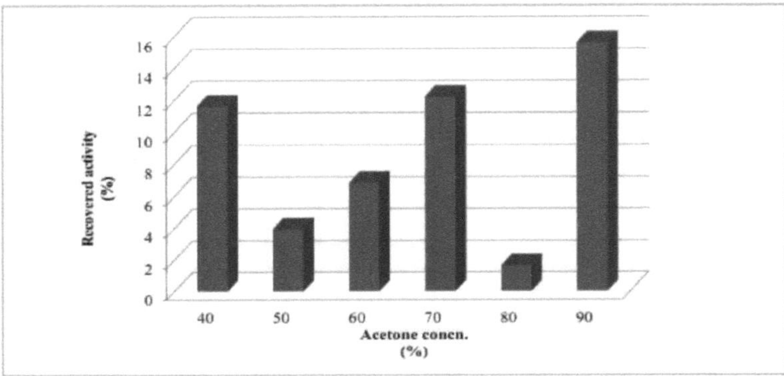

Fig. 32. **Recuperação da atividade das enzimas coagulantes do leite do extrato das flores de *5. marianum* por precipitação fraccionada com acetona.**

Tabela 15. Precipitação fraccionada em acetona das sementes de *A. marianum*

extrato.

Acetone Concn. (%)	Protein content of fraction (mg)	Recovered protein (%)	Total activity of fraction (U)	Recovered activity (%)	Specific activity of fraction (U. mg^{-1} protein)	Purification fold
None	250	100	439.56	100	1.76	1
40	39.74	15.89	33.07	7.52	0.83	0.47
50	27.69	11.07	92.17	20.96	3.33	1.89
60				NP*		
70	43.01	17.20	40.892	9.30	0.95	0.54
80	10.21	4.08	4.03	0.91	0.39	0.22
90				NP*		
Total	120.65	48.26	172.03	39.13	1.43	0.81

NP* = no precipitation

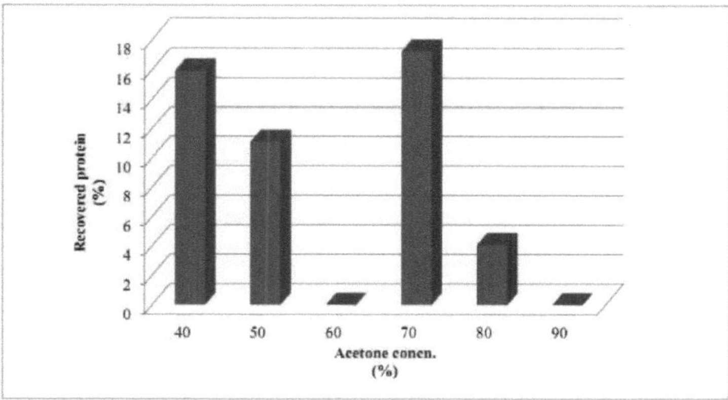

Fig. 33. Proteínas recuperadas do extrato de sementes de *A. marianum* por precipitação fraccionada com acetona.

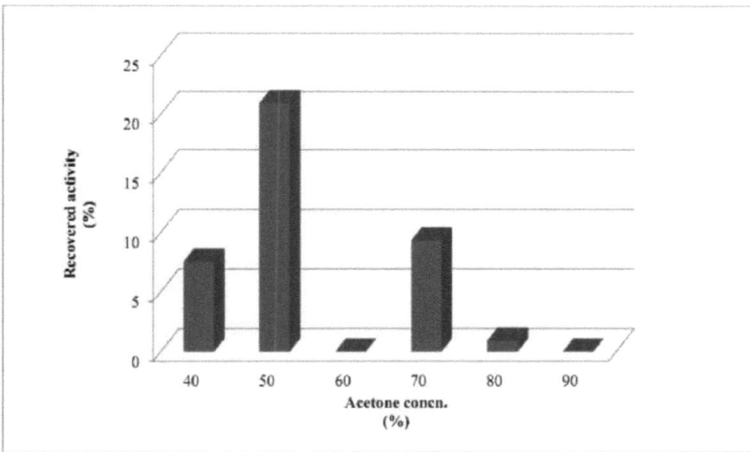

Fig. 34. Recuperação da atividade das enzimas coagulantes do leite do extrato de sementes de *5. marianum* por precipitação fraccionada com acetona.

b. Precipitação por lotes da enzima de coagulação do leite no extrato enzimático das flores e sementes de *5. marianum*

1. Precipitação por lotes do extrato de flores com uma concentração de etanol a 70%

A precipitação em lote do extrato de flores com etanol a 70%

concentração foi dada na Tabela (16) e mostrou que a fração de etanol a 70% do lote possuía 67,68 mg de proteína e perfazia 30,09% do original. Esta fração deu 44,96 U de atividade, o que representou 47,87% de atividade recuperada.

A fração de etanol descontínua a 70% acima referida apresentou 0,66 U mg^{-1} de proteína com uma purificação de 1,57 vezes.

Tabela 16. Precipitação em etanol do extrato das flores de *5. marianum*.

Ethanol Concn. (%)	Protein content of fraction (mg)	Recovered protein (%)	Total activity of fraction (U)	Recovered activity (%)	Specific activity of fraction (U. mg^{-1} protein)	Purification fold
None	224.88	100	93.91	100	0.42	1
70	67.68	30.09	44.96	47.87	0.66	1.57

2. Precipitação em descontínuo do extrato de sementes por salga com sulfato de amónio.

A precipitação em lote de sulfato de amónio do extrato de sementes com 50 e 100% de saturação de sulfato de amónio é apresentada na Tabela (17). A fração a 100% recuperou 23,86 e 32,72% da proteína e da atividade originais, seguida da fração a 50%, que recuperou 20 e 32,5% da proteína e da atividade originais, respetivamente. As actividades específicas das fracções de 50% e 100% foram de 4,12 e 3,35 U mg^{-1} de proteína e indicaram uma purificação de 1,62 e 1,37 vezes.

Tabela 17. Precipitação por lotes do extrato de sementes de *5. marianum* por com sulfato de amónio.

$(NH_4)_2SO_4$ Saturation (%)	Protein content of fraction (mg)	Recovered protein (%)	Total activity of fraction (U)	Recovered activity (%)	Specific activity of fraction (U. mg^{-1} protein)	Purification fold
None	210	100	532.8	100	2.54	1
50	42	20	173.16	32.5	4.12	1.62
None	225	100	549.45	100	2.44	1
100	53.7	23.86	179.82	32.72	3.35	1.37

Entre todas as 41 fracções precipitadas pelos três agentes utilizados, a precipitação com sulfato de amónio a 50% em batelada para o extrato de sementes foi a mais promissora, uma vez que possuía a atividade específica mais elevada e exibia uma dobra de purificação considerável (1,62). Por conseguinte, foi escolhida para os estudos alargados.

É digno de nota que a exploração da planta com sementes é mais rentável do que a planta com flores devido à maior eficácia e desempenho das enzimas das sementes do que das flores, para além do extrato de sementes, a silimarina e o seu principal componente, a silibina, como principal remédio para o fígado.

A este respeito, Saleh (2004) referiu que a precipitação com etanol a 63,3 % do extrato de flores de (*S. marianum*) foi a mais promissora e superou todos os outros precipitados. Também foi mais eficaz do que a nova enzima bacteriana de coagulação do leite de *Bacillus circulans* NRC-3, que precipitou a 40 % de acetona.

Por outro lado, a saturação de sulfato de amónio na gama de 40-50 % da fração precipitada do extrato de água destilada de sementes *de solanum dubium*, que deu a maior atividade (Abdallah *et al*, 2010). A purificação parcial das enzimas de coagulação do leite e caseinase, de *Penicillium oxalicum*, foi conseguida por precipitação fraccionada com acetona, etanol ou metanol. Além disso, a fração de 60-70% de etanol foi a fração enzimática mais promissora e possuía a maior atividade de coagulação do leite (Hashem, 2000). Da mesma forma, Ismail *et al.*, 1987 obtiveram uma fração eficaz de coagulação do leite através da precipitação com acetona do filtrado da cultura de *Absidia cylindrospora*.

5. Deteção da atividade de divisão da caseína (proteolítica).

Os dados registados na Tabela 18 mostram a deteção da atividade de divisão de caseína (proteolítica) da (fração parcialmente purificada mais promissora) dos extractos de sementes e flores. É digno de menção que todos os extractos de sementes e extractos de flores, bem como a fração parcialmente purificada mais promissora, não tiveram qualquer atividade de divisão de caseína no espaço de 12 horas, o que confirma a sua adequação para o fabrico de queijo. A este respeito, Saleh (2004) relatou que o extrato parcialmente purificado de flores de *S. marianum* não tinha atividade enzimática de divisão de caseína.

Tabela 18. Deteção da atividade de divisão da caseína (proteolítica) para a fração mais promissora dos extractos de sementes e flores.

Enzyme preparation	Casein-splitting activity (curd resolution over night)
Flowers extract	-ve
Seeds extract	-ve
partial purified fraction (50% ammonium sulphate batch precipitation)	-ve

6. Atividade proteásica dos extractos brutos (flores e sementes) de *5. marianum.*

Nesta experiência (Tabela 19), a atividade proteolítica (AP) dos extractos *de S. marianum* (flores e sementes) foi estudada e os dados obtidos são apresentados na Tabela 19. Os resultados mostraram que a atividade era muito baixa e variava com o valor do pH (5,7, 7 e 10). As enzimas Rennin ou os seus substitutos são conhecidos por possuírem uma elevada atividade de coagulação do leite e uma baixa atividade proteolítica. Assim, a razão entre a atividade de coagulação do leite e a atividade proteolítica (M/P) pode, portanto, ser tomada como um índice para justificar a adequação de uma preparação enzimática para a sua utilização como substituto da renina (fox *et al*, 2004).

A este respeito, Guiama *et al.,* (2010) relataram efeitos semelhantes, pelo que foram encontradas elevadas actividades de coagulação do leite e baixas actividades proteolíticas no extrato de *Solanum aethiopicum.* Também o extrato enzimático bruto produzido pelo *Aspergillus oryzae* NCIM 1032 exibiu uma elevada atividade de coagulação do leite (MCA) e uma baixa atividade proteolítica (PA) após 120 h de fermentação (Patil Pallavi *et al.*, 2012)

Tabela 19. Actividades de proteases dos extractos brutos de *5. marianum* (flores e sementes).

Plant part	Proteolytic activity (µg tyrosine/ reaction) at different pHs			Specific activity (U. mg-1 protein) at different pHs		
pH	5.7	7	10	5.7	7	10
Flowers	0.41	0.28	0.32	0.16	0.11	0.13
Seeds	0.73	0.42	0.59	0.18	0.10	0.15

7. Propriedades da fração parcialmente purificada do extrato de sementes de *5. marianum* (precipitação descontínua com sulfato de amónio a 50%).

De acordo com todas as investigações anteriores, a precipitação em lote do extrato de sementes de *S. marianum* por saturação de sulfato de amónio a 50% proporcionou a enzima mais eficaz e provou ser a mais preferível (MCE). Por conseguinte, esta fração foi escolhida para todos os estudos bem sucedidos. Nesta experiência, foram estudadas as propriedades gerais da *S. marianum* parcialmente purificada (MCE).

a. Efeito da concentração da proteína enzimática na atividade de coagulação do leite.

Concentrações de proteínas enzimáticas que variam de 2-7 mg de proteína/ml, foram aplicadas nas condições óptimas anteriormente mencionadas.

Os dados do Quadro 20 e da Fig. 35 mostram que existe uma relação paralela entre a atividade de coagulação do leite e as concentrações de enzimas proteicas até 6 mg/ml, que proporcionaram a atividade máxima (80,02 U) e a atividade específica (13,34 U.mg^{-1} de proteína), não se observando mais aumentos de atividade com concentrações proteicas mais elevadas.

Esses resultados concordaram em grande parte com os relatados por vários autores (Ismail *et al.*, 1987; Hashem, 1999; Najera *et al.* 2003; Saleh, 2004 e Ahmed & Helmy 2012). Verificaram também que existia uma relação paralela entre a concentração da enzima e a atividade de coagulação do leite.

Tabela 20. Efeito da concentração da proteína enzimática na atividade (MCE) das sementes parcialmente purificadas *de 5. marianum*.

Enzyme protein concentration (mg/ml)	Milk clotting activity (U)	Specific activity (U. mg^{-1} protein)
2	25.01	12.51
3	33.30	11.10
4	40.09	10.02
5	50.45	10.09
6	80.02	13.34
7	80.02	11.43

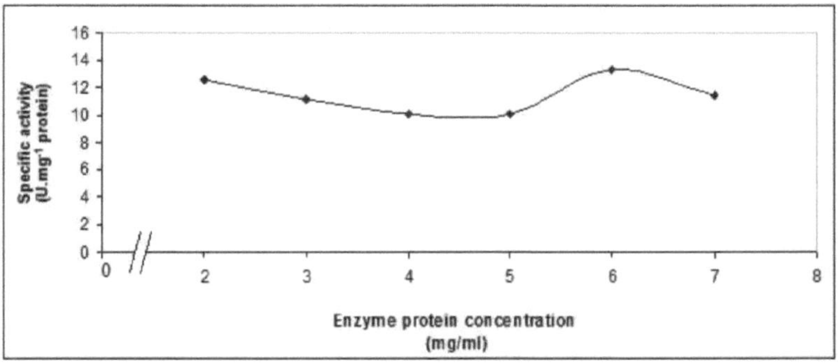

Fig. 35. Efeito da concentração da proteína enzimática na atividade (MCE) de sementes de *5. marianum* parcialmente purificadas.

b. Efeito da concentração do substrato.

Foi estudado o efeito da concentração de substrato (leite desnatado seco, DSM) na atividade enzimática. Foram utilizadas diferentes concentrações (DSM) variando de 8-15 % (w/v) na mistura de reação.

Aplicando as condições óptimas anteriormente mencionadas, os resultados de diferentes concentrações de DSM são apresentados na Tabela 21 e na Fig. 36. Verifica-se um aumento gradual da atividade com o aumento da concentração de substrato até à atividade mais elevada que foi registada a 10% (w/v) de DSM. No entanto, concentrações mais elevadas levaram a ligeiras diminuições na atividade enzimática.

O gráfico da Fig. 36 mostra a taxa de enzima versus a concentração de substrato, que tem, em grande medida, a forma hiperbólica normal. Este facto indica o comportamento normal da forma enzimática parcialmente purificada sem quaisquer efeitos alostéricos, tal como confirmado por Ferdinand, (1976).

A este respeito, a concentração óptima de substrato foi, em grande medida, semelhante à dada por, Hashem (1999 e 2000) e El- Bendary *et al.* (2007), que relataram uma concentração óptima de DSM a 9%, enquanto Abdel-Fattah e El-Hawwary (1974) encontraram o valor de 12%, w/v.

Tabela 21. Efeito da concentração do substrato (leite desnatado seco) na atividade do MCE obtido a partir do extrato parcialmente purificado de sementes de *5. marianum*.

Dray skim milk conc. (%, w/v)	Milk clotting activity (U)	Specific activity (U. mg^{-1} protein)
8	65.95	10.99
10	79.33	13.22
12	78.00	13.00
15	77.00	12.83

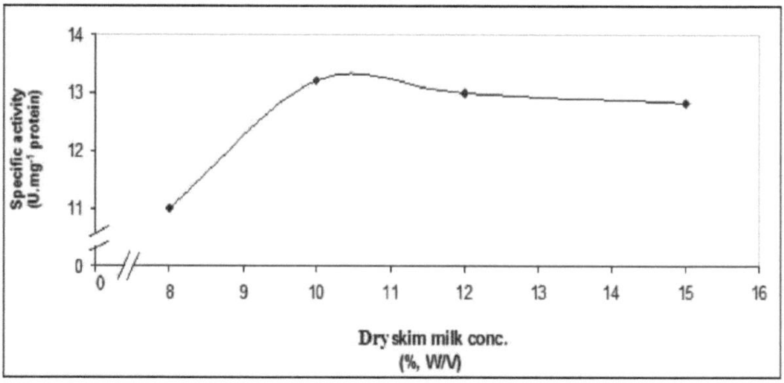

Fig. 36. Efeito da concentração do substrato (leite desnatado seco) na atividade do MCE obtido a partir do extrato parcialmente purificado de sementes de *5. marianum*.

c. Efeito da concentração de cloreto de cálcio.

Foi estudado o efeito da concentração de $CaCl_2$ (1-200 mM) na atividade enzimática, nas condições óptimas anteriormente mencionadas.

Os dados da Tabela 22 e da Fig. 37 mostraram que a atividade enzimática aumentou com a concentração de $CaCl_{(2)}$ até 20 mM de $CaCl_2$ (o ótimo) e ofereceu a atividade mais elevada (80,92 U) com uma atividade específica de 13,49 U.mg^{-1} de proteína. Uma concentração mais elevada de $CaCl_2$ não provocou mais aumentos e a atividade foi estável até 100 mM, diminuindo depois a 200 mM.

Neste contexto, Ahmed e Helmy, (2012) relataram que o Ca^{2+}

activou a enzima extraída de bactérias e plantas em 149,1% e 114,1% quando comparado com o controlo, respetivamente. A adição de $CaCl_2$ao leite durante a coagulação por coalho causa uma redução no tempo de coagulação e aumenta a taxa de coagulação (Mohamed *et al.* 1988; Saleh, 2004; El-Bendary *et al.* 2007). Além disso, Pires *et al.* (1999) descobriram que a concentração óptima de $CaCl_{(2)}$ é de 0,04 mM e referiram que os iões Ca^{2+} criam condições isoeléctricas através das pontes entre as micelas de caseína e o ião cálcio. Além disso, o ião de cálcio melhorou o passo não enzimático da coagulação do leite, levando a um aumento da taxa de coagulação (Arima *et al.*, 1970; Kumar *et al.*, 2005 & El-Bendary *et al.*, 2007).

Tabela 22. Efeito da concentração de CaCl2 na atividade MCE obtida por sementes parcialmente purificadas *de 5. marianum*.

$CaCl_2$ concentration (mM)	Milk clotting activity (U)	Specific activity (U. mg^{-1} protein)
1	33.30	5.55
5	40.09	6.68
10	66.60	11.10
20	80.92	13.49
50	80.92	13.49
100	80.92	13.49
200	66.67	11.11

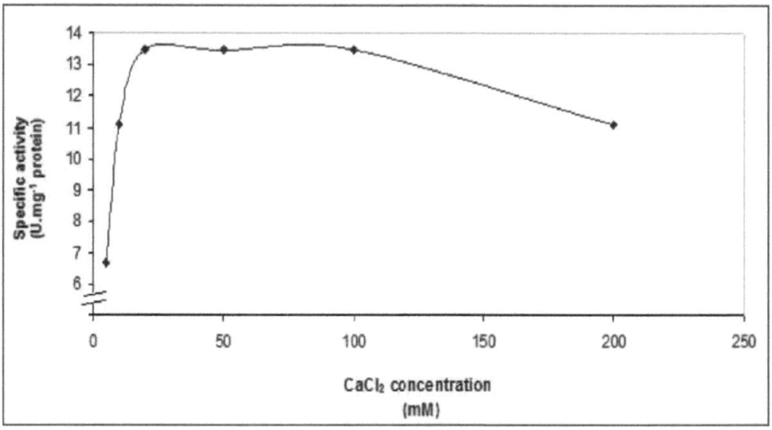

Fig. 37. Efeito da concentração de $CaCl_2$ na atividade MCE das sementes parcialmente purificadas *de 5. marianum*.

d. Efeito da temperatura de reação.

Nesta experiência, foi estudado o efeito da temperatura na atividade enzimática. As temperaturas de reação foram aplicadas a 30, 40, 45, 50, 55 e 60°C e os resultados obtidos são apresentados na Tabela 23 e na Fig.38.

Obteve-se uma relação paralela entre a atividade de coagulação do leite e as temperaturas de reação (55°C), que proporcionaram a atividade enzimática máxima (80,92 U).

Neste contexto, pode concluir-se que a coagulação do leite é fortemente dependente da temperatura, tal como anteriormente referido por Najera *et al.* (2003). McMahon *et al.*, 1984, também estudaram o efeito da temperatura de reação na taxa de agregação de proteínas e descobriram que o aumento da temperatura aumenta a taxa de formação do gel. Por outro lado, o aumento da temperatura provoca o encolhimento da matriz proteica devido ao aumento da interação hidrofóbica. Ahmed & Helmy, (2012) observaram que a temperatura óptima era de 75 e 85°C para a bactéria e a planta (MCE), respetivamente. Além disso, El-Sayed (2002) sugeriu que o coalho extraído de *Phaseolus vulgaris* e de frutos de *Pisum sativum* actuava de forma óptima a 450C. É digno de menção o facto de o coalho de vitelo apresentar uma resistência térmica inferior (Garnot e Molle, 1987; Wahba *et al.* 1995).

Tabela 23. Efeito da temperatura de reação sobre a atividade (MCE) das sementes de *5. marianum* purificadas de forma natural.

Temp. (°C)	Milk clotting activity (U)	Specific activity (U. mg^{-1} protein)
30	3.33	0.56
40	16.65	2.78
45	22.18	3.70
50	33.3	5.55
55	80.92	13.49
60	80.92	13.49

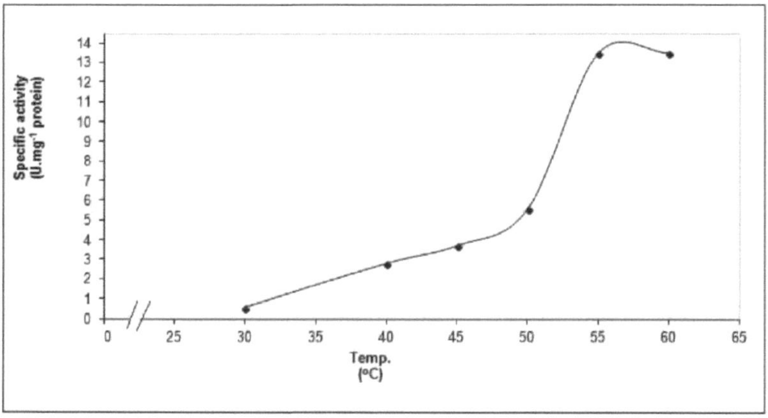

Fig. 38. Efeito da temperatura de reação na atividade (MCE) das sementes parcialmente purificadas *de 5. marianum.*

e. Efeito do valor do pH da reação.

Nesta experiência, foram aplicados dois sistemas tampão, o tampão acetato 0,1M (pH 5 - 5,6) e o tampão citrato 0,1M (pH 6,2), aplicando todas as condições optimizadas, mencionadas anteriormente.

Os dados da Tabela 24 e da Fig. 39 mostraram que a atividade enzimática mais elevada foi registada a pH 5,2 (133,2 U e atividade específica 22,2 U mg^{-1} de proteína). O pH mais elevado levou a uma diminuição notável da atividade, sendo que a pH 6,2 foi apresentado o valor de atividade mais baixo (80,92 U).

Estes resultados estão completamente de acordo com os relatados por Abdel-Fattah e El-Hawwary (1974), Ismail *et al.* (1987), Hashem (1999& 2000) e Merheb-Dini *et al.*, (2010).

Tabela 24. Efeito do pH de reação na atividade (MCE) das sementes parcialmente purificadas *de 5. marianum.*

Reaction pH Value	Milk clotting activity (U)	Specific activity (U. mg^{-1} protein)
5	100.90	16.82
5.2	133.20	22.20
5.4	100.90	16.82
5.6	87.61	14.60
6.2	80.92	13.47

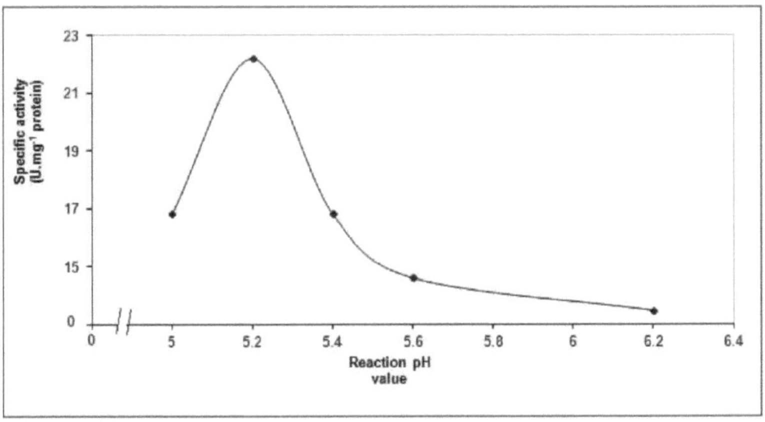

Fig. 39. Efeito do valor do pH de reação na atividade (MCE) das sementes

parcialmente purificadas *de 5. marianum.*

8. Estabilidade térmica e de pH da enzima de coagulação do leite parcialmente purificada.

Nesta experiência, várias soluções enzimáticas foram pré-aquecidas a diferentes temperaturas (45, 55 e 65°C) em diferentes pHs (5,2, 5,6 e 6,2) durante diferentes intervalos de tempo (15, 30 e 60 min). A atividade enzimática foi então medida na mistura de reação normal. A reação foi conduzida em todas as condições óptimas especificadas anteriormente. A atividade residual da enzima (%) foi determinada no tempo zero e após os diferentes intervalos de tempo.

Os resultados apresentados na tabela 25 indicam que a enzima testada era altamente estável a 45 e 55°C e pH 5,2, pelo que 80% da sua atividade original foi detectada após uma hora. O aquecimento a uma temperatura mais elevada (65oC) com o mesmo pH (5,2) durante intervalos de 15, 30 e 60 minutos, reteve 66,6, 50 e 44,4% da atividade original, respetivamente. Além disso, o aquecimento da solução enzimática à mesma temperatura (45, 50, 55 e 65oC) durante os mesmos intervalos de tempo (15, 30 e 60 min), mas a pHs mais elevados (5,6 e 6,2), reduziu as actividades enzimáticas residuais. Isto denota a excelente e considerável estabilidade da atividade enzimática a pH 5,2 para a enzima de coagulação do leite de *S. marianum* parcialmente purificada.

Neste contexto, a estabilidade térmica das enzimas de coagulação de *S. marianum* foi detectada na ausência do seu substrato (Saleh, 2004). O estudo mostrou que o coalho bacteriano reteve 73,4% da sua atividade quando o meio da enzima foi ajustado a 40°C durante 1h, enquanto a enzima vegetal não perdeu a sua atividade e continuou completamente ativa. Por outro lado, a 80oC durante 75 min, toda a atividade do coalho bacteriano foi perdida diretamente, enquanto o coalho vegetal conservou 63,8% (Ahmed & Helmy, 2012). Também El-Sayed (2002) verificou que as enzimas de coalho extraídas de frutos frescos de *Phaseolus vulgaris* e *Pisum sativum* eram consideravelmente estáveis até 40OC durante 1h, com apenas 33% de perda das suas actividades. No entanto, El-Bendary *et al.*, (2007) referiram que a enzima fúngica de coagulação do leite era bastante estável a 40OC durante mais de 30 minutos, embora perdesse 35% e 70% da sua atividade após 10 e 20 minutos de incubação a 60°C, respetivamente (a um pH do leite amplo, 6-7,5).

Tabela 25. Estabilidade térmica e ao pH da atividade parcialmente purificada *de S. marianum* (MCE).

Heating temperature (°C)	pH value	Time of incubation (min)		
		15	30	60
		Residual activity (%)		
	5.2	100	100	100
45	5.6	80	66.6	57.1
	6.2	60	40	30.7
	5.2	100	86.9	80
55	5.6	80	57.1	50
	6.2	37.5	33.3	25
	5.2	66.6	50	44.4
65	5.6	57.1	40	33.3
	6.2	33.3	30.7	18.1

*** Residual activity = (activity of sample ÷ activity of control) x100**

9. Efeito de alguns co-factores e inibidores sobre a enzima de coagulação do leite parcialmente purificada.

Foi estudado o efeito de alguns compostos e iões metálicos na atividade da enzima de coagulação do leite parcialmente purificada. Esta experiência foi efectuada incubando cada uma das substâncias testadas em diferentes concentrações (1, 10 e 100 mM) com a solução de enzima parcialmente purificada a 55 °C durante 15 minutos. As substâncias testadas (compostos) são $CaCl_2$, $BaCl_2$, $MgSO_4$, $CuSO_4$, $FeSO_4$, $MnSO_4$, NaCl, KCl, EDTA e Cystiene HCl. As actividades enzimáticas relativas medidas foram registadas na Tabela 26 e representadas graficamente na Fig. 40.

Na presença de 1,0, 10 e 100 mM de $BaCl_2$, a enzima perdeu 33, 50 e 64 % da sua atividade, respetivamente. A adição de EDTA levou a uma perda de atividade enzimática de 20 e 33 % de a 10 e 100 mM, respetivamente. No entanto, o $MgSO_4$ a 1 mM não teve qualquer efeito na atividade enzimática, mas a 10 e 100 mM inibiu a atividade enzimática, retendo 27 e 67 % da sua atividade original, respetivamente. Os compostos $FeSO_4$ e KCl tiveram efeitos inibitórios diferentes sobre a atividade da enzima de coagulação do leite parcialmente purificada. A enzima reteve 66 e 50 % da atividade original a 1,0 e 10 mM de $FeSO_4$ e KCl, respetivamente. A 100 mM de $FeSO_4$ ou NaCl, a enzima foi inibida e reteve apenas 25 e 22% da atividade original, respetivamente.

Os resultados obtidos mostraram também que cada um dos $MnSO_4$, NaCl, $CaCl_2$ e $CuSO_4$ em concentrações de 1,0 e 10 mM não teve efeito na atividade enzimática, mas a concentração mais elevada (100 mM) de $MnSO_4$ inibiu a atividade enzimática e atingiu 66,6 %. Por outro lado, NaCl, $CaCl_2$ e $CuSO_4$ activaram a atividade enzimática, que atingiu 114, 120 e 150 % da atividade original, respetivamente. O HCl de cisteína nas concentrações de 1,0, 10 e 100 mM activou a enzima para 105,120 e 150 % da atividade original, respetivamente.

A este respeito, El-Bendary *et al.* (2007) referiram que o ião Zn^{2+} activava a enzima purificada em 42%, enquanto os iões Ni^{2+} e Hg^{2+} inibiam a MCA em 22% e 42%, respetivamente. No entanto, os iões Co^{2+}, Mg^{2+}, Mn^{2+}, Cu^{2+} e Fe^{2+} não têm qualquer efeito sobre a atividade da enzima, mas Hashem, (2000) descobriu que Cu^{2+}, Co^{2+} e Mg^{2+}

tinham efeitos estimulantes sobre a enzima do tipo renina. Comparativamente, Cu^{2+} e Co^{2+} foram os mais eficazes, e a 0,1 M dos seus sais de cloreto activaram a enzima em 4,25- e 3,99 vezes (do que na sua ausência). No que diz respeito ao Mg^{2+}, teve um efeito de ativação ligeiro (1,6-, 1,25 vezes do que na sua ausência) a 0,1 e 0,01 M de sal de cloreto, os resultados também indicaram que o cloridrato de cisteína causou 35% de inibição a 0,001 M e 80% de inibição a 0,01 M. O tratamento da enzima com 0,001 M foi o mais eficaz.01 M. O tratamento da enzima com EDTA 0,01 M antes da adição ao leite desnatado reconstituído inibiu a atividade de coagulação em 68%, mas a 0,001 M registou-se um baixo efeito de inibição e a atividade residual ascendeu a 92,7% do controlo. Isto indica que parte dos iões de cálcio é essencial para a formação do coágulo de leite. O cálcio

pode ter sido complexado com o EDTA a uma concentração elevada (0,01 M) e, por conseguinte, a coagulação foi retardada.

Tabela 26. Efeito de alguns activadores e inibidores na atividade da enzima tipo renina de *S. marianum* parcialmente purificada.

Substance	Relative activity* (%)		
	Final concentration (mM)		
	1	10	100
Cystiene HCl	105	120	150
$CaCl_2$	100	100	120
$BaCl_2$	67	50	36
$MgSO_4$	100	73	33
$CuSO_4$	100	100	150
$MnSO_4.5H_2O$	100	100	67
NaCl	100	100	114
$FeSO_4$	66	66	25
KCl	50	50	22
EDTA	80	67	67

* **Relative activity = (activity of sample ÷ activity of control) x100**

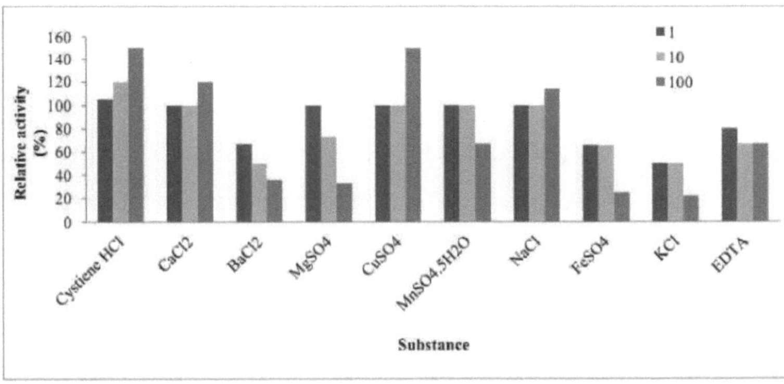

Fig. 40. Efeito de alguns activadores e inibidores na atividade da enzima tipo renina de *S. marianum* parcialmente purificada.

10. Aplicação da enzima de coagulação do leite de *S. marianum* parcialmente purificada em diferentes amostras de leite.

Os resultados registados no Quadro 27 mostraram que a enzima de coagulação do leite de *S. marianum* parcialmente purificada era adequada para a coagulação de muitas amostras de leite.

O leite em pó de nata completa deu a atividade enzimática mais elevada (151,52 U), seguido do DSM e do leite de búfala fresco (133,2 U), em comparação com todas as outras amostras de leite utilizadas. Verificou-se que a enzima parcialmente purificada actua em muitas amostras de leite e produziu coágulos duros com cada um dos leites DSM, leite gordo seco, leite de vaca ou de búfala, mas não com o leite gordo ou desnatado pasteurizado. O leite de cabra ou de camelo produziu coágulos moles. Estes resultados confirmaram as excelentes capacidades da preparação enzimática a partir das sementes e apontam para a sua adequação em fabrico de queijo. Assim, pode ser utilizado para qualquer uma das amostras de leite, e deu origem à coalhada estável registada nesta experiência.

Tabela 27. Aplicação da enzima de coagulação do leite de *A. marianum* parcialmente purificada em diferentes amostras de leite.

Milk specimen	Milk- clotting activity (U)	Clot appearance Hard	Clot appearance Soft	Relative activity* (%)
Fresh				
Cow	49.95	√		37.5
Buffalo	133.2	√		100
Goat	43.29		√	32.5
Camel	39.96		√	30.0
Powdered				
Skim milk (DSM) (control)	133.2	√		100
Full cream	151.52	√		113.8
Pasteurized				
Skim milk	83.25		√	62.5
Full cream	110.89		√	83.3

*** Relative activity = (activity of sample ÷ activity of control) x100**

11. Estudos cinéticos sobre a enzima de coagulação do leite parcialmente purificada de *A. marianum*.

Os dados do quadro 28 e da figura 41 mostram o efeito da concentração de substrato na atividade enzimática para a enzima parcialmente purificada, a fim de estimar as constantes cinéticas K_m (constante de Michaelis) e V_{max} (a velocidade máxima da reação) utilizando o substrato DSM. Este objetivo foi alcançado através da construção do gráfico de Woolf. No gráfico de Woolf, a concentração de substrato dividida pela velocidade ([S] / υ) é representada em função da concentração de substrato ([S]). As intercepções dos eixos Y e X assemelham-se a $K_{(m)}/V_{max}$ e Km, pela mesma ordem. Os resultados da Tabela estão representados graficamente na Fig. 41. O gráfico de Woolf declarou que o valor K_m do DSM como substrato na mistura de reação foi de 398,3 mg/reação e o V_{max} foi de 108,14 U. A baixa constante de Michaelis e a alta velocidade máxima de reação apontaram a maior eficácia da fração enzimática da planta nomeada.

Os dados mostraram que este efeito obedecia à relação hiperbólica normal de Michaelis para enzimas de um substrato sem quaisquer efeitos de interação que conduzissem a alterações conformacionais na molécula da enzima. Isto afectou fortemente todos os eventos do sítio ativo da enzima (Ferdinand, 1976). As duas constantes cinéticas Km e Vmax podem ser estimadas de diferentes formas, ou seja, gráfico de Michaelis, gráfico de Lineweaver-Burk, gráfico de Eadie-Hofstee ou gráfico de Woolf (Ferdinand, 1976). O gráfico de Michaelis oferece uma estimativa aproximada de Vmax por extrapolação da curva em direção a [S] =infinito. Além disso, o gráfico de Lineweaver-Burk atribui grande importância aos pontos mais afastados da ordenada, que são os obtidos com os valores mais baixos de [S] e υ, e estes podem não ser os pontos experimentais mais exactos e podem induzir em erro, estimando valores incorrectos para Km e Vmax. Um método que evita este perigo consiste em traçar um gráfico de υ/[S] em função de [S], conhecido como gráfico de Woolf (Woolf, 1932). Embora não seja muito utilizado, este método é o mais preferível de todos os procedimentos disponíveis para obter Km e Vmax exactos a partir de gráficos lineares de dados experimentais, traçando [S] / υ versus [S], de acordo com de acordo com Ferdinand (1976). Verifica-se que a enzima na concentração DSM de 398,3 mg/reação permite a taxa de reação de 54,7 U e isto está completamente harmonizado com os valores dados na Tabela 28.

Tabela 28. Determinação das constantes cinéticas (Km e Vmax) para a enzima de coagulação do leite de *5. marianum* parcialmente purificada.

DSM concentration, [S] (mg/reaction)	Reaction velocity (υ) Milk-clotting activity (U)	[S]/ υ
800	65.95	12.13
1000	79.33	12.60
1200	78.00	15.40
1500	77.00	19.50

K_m = 398.3 mg/reaction V_{max} = 108.14U

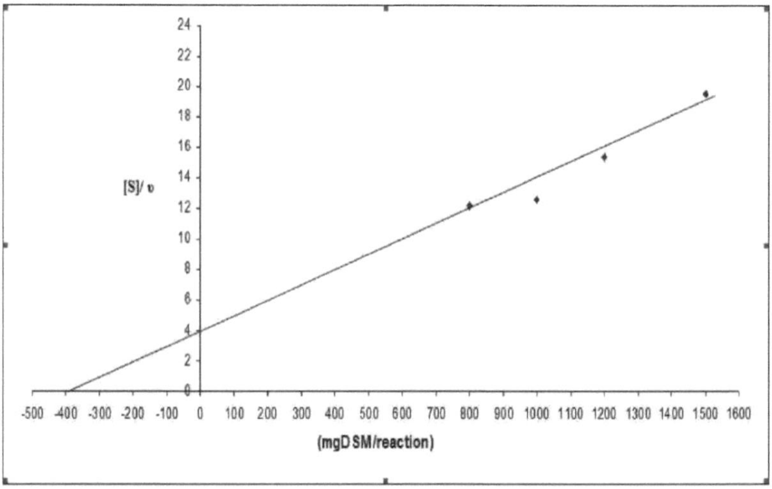

Fig. 41. Gráfico de Woolf da enzima de coagulação do leite de *S. marianum* parcialmente purificada

O objetivo do presente trabalho é o fornecimento de uma enzima vegetal nova, segura e eficaz que actue como renina. É uma alternativa a qualquer uma das reninas de vitelo convencionais ou às enzimas microbianas semelhantes à renina e evita todos os seus defeitos distintos como a indisponibilidade da renina de vitelo devido à proibição de abate de vitelos e a insegurança da outra microbiana. Esta última pode dever-se a toxinas ou a modificações genéticas aplicadas nos produtores. As flores e sementes da famosa planta selvagem *Silybum marianum* contêm quantidades consideráveis destas enzimas nomeadas, que não são utilizadas de forma alguma. A planta selvagem acima referida é a fonte notável do composto de silibina, um medicamento para o fígado, que tem uma reputação brilhante no alívio das doenças do fígado e na prevenção dos seus danos.

O presente estudo mostrou que, na planta egípcia selvagem ou cultivada *Silybum marianum,* as sementes contêm uma enzima semelhante à renina mais rentável do que a flor. Para além da enzima, os extractos de sementes contêm silimarina e o seu principal componente mencionado anteriormente, a silibina, que representa o principal remédio para o fígado e possui propriedades antioxidantes, anti-inflamatórias e anticancerígenas (Loguercio e Festi, 2011).

A extração aquosa das enzimas das sementes de *S. marianum* não teve qualquer efeito no conteúdo de silibina, bem como em todos os outros antioxidantes, pelo que estas enzimas são produtos de valor acrescentado para a planta.

A presente preparação enzimática liofilizada foi verdadeiramente um excelente concorrente para as outras enzimas animais ou microbianas de coagulação do leite devido à sua extração tão fácil, maior atividade, solubilidade instantânea em água e soluções tampão, para além da sua estabilidade. Além disso, tem uma ação proteolítica negligenciável na coalhada de leite. A forma enzimática parcialmente purificada exibiu excelentes eficácias em oito amostras de leite, em particular; foi registado um desempenho muito elevado na amostra de leite de vaca em pó com creme completo, onde proporcionou as unidades de atividade mais elevadas e uma coalhada dura estável com bom aspeto visual. As utilizações da presente preparação enzimática podem ser alargadas às indústrias médicas como um ingrediente importante nos comprimidos digestivos modificados. Além disso, a biomassa residual remanescente após a extração da enzima e da silibina pode ser utilizada como aditivo em forragens de alta qualidade para animais. Também pode ser utilizada como multisubstrato para a produção de cocktails de enzimas fermentativas, que têm diversas aplicações. Por conseguinte, a planta de sementes proporciona os benefícios integrados completos, começando pela extração enzimática das sementes e terminando com a utilização dos resíduos de biomassa em forragens de alta qualidade e na produção fermentativa de cocktails enzimáticos, o que foi amplamente referido em muitos artigos sobre a exploração da biomassa lignocelulósica vegetal para a produção de enzimas microbianas (Ismail, 1996).

CAPÍTULO 5

RESUMO

O presente estudo tem como objetivo a extração perfeita e a purificação simples das enzimas semelhantes à renina da planta selvagem egípcia *Silybum marianum*. Os presentes resultados podem ser resumidos da seguinte forma:

1. Análise das diferentes partes frescas *de S.marianum* quanto à atividade de coagulação do leite.

Diferentes partes da planta *S.marianum* (com flores ou sementes) foram analisadas quanto à sua atividade de coagulação do leite. Ambos os extractos das sementes e das flores exibiram a maior atividade de coagulação do leite com níveis de atividade variáveis nas outras partes da planta (cabeça residual, folhas, caule e raízes).

2. Efeito de diferentes agentes de extração das enzimas de coagulação do leite de *S. marianum* (flores e sementes).

Neste experimento, foi estudado o efeito de diferentes agentes extratores nas atividades de MCE de *S. marianum* de extratos de flores ou sementes de plantas, esses agentes incluíram tampão citrato (0,1M, pH 6,2), NaCl (0,9%, w/v) e água destilada (H_2O). A ação máxima de coagulação foi detectada no tampão citrato 0.1M (pH 6.2) do extrato das flores e também das sementes.

3. Propriedades das enzimas de coagulação do leite de *S. marianum* em extractos brutos de (flores e sementes).

Nesta experiência, foram estudadas as propriedades gerais

das enzimas coagulantes do leite extraído das flores ou das sementes das plantas.

Os extractos de flores ou sementes exibiram as suas actividades máximas a 50 e 55°C de temperatura de reação, respetivamente, concentração de 100 mM de $CaCl_2$, concentração de 10% (w/v) de substrato (leite desnatado seco) e 4 e 6 mg de concentração de proteína enzimática, respetivamente.

4. Purificação parcial dos extractos brutos de enzimas de coagulação do leite de *S. marianum* (flores e sementes)

Cada extrato de flores e sementes foi parcialmente purificado separadamente, utilizando diferentes agentes precipitantes, incluindo sulfato de amónio, etanol e acetona. Isto foi conseguido por precipitação fraccionada com sulfato de amónio, etanol ou acetona. O agente mais eficaz na precipitação fraccionada foi escolhido para ser aplicado no processo de precipitação enzimática em lote.

Entre as 41 fracções precipitadas pelos três agentes, a fração precipitada a partir do extrato de sementes com sulfato de amónio a 50% foi a mais promissora, uma vez que possuía a atividade específica mais elevada e apresentava uma dobra de purificação considerável (1,62). Por conseguinte, foi escolhida para os estudos alargados.

5. Deteção do extrato de sementes ou de flores e da atividade proteolítica da fração enzimática mais promissora, a caseína.

O extrato de sementes, o extrato de flores e a fração parcialmente purificada mais promissora não tiveram qualquer atividade de divisão da caseína em 12 horas, afirmando a sua adequação para uma excelente capacidade de fabrico de queijo.

6. Propriedades da fração enzimática de coagulação do leite do lote de *5. marianum* com 50% de saturação de sulfato de amónio.

Nesta experiência, os estudos envolvem as propriedades gerais da fração enzimática parcialmente purificada *de S. marianum.*

5. A preparação enzimática parcialmente purificada *de marianum* exibiu a sua atividade máxima a 6 mg de concentração de proteína enzimática, 10% de concentração de substrato (DSM), 20 mM de concentração de $CaCl_2$, 55°C de temperatura de reação e atpH5.2

7. Estabilidade térmica e de pH da enzima de coagulação do leite parcialmente purificada.

A enzima foi altamente estável na gama de temperaturas de 45 a 55oC e pH 5,2, onde manteve 100 e 80 % da sua atividade original após aquecimento durante uma hora a 45 e 55oC. O aquecimento a uma temperatura mais elevada (65oC) e ao mesmo pH (5,2) durante intervalos de tempo de 15, 30 e 60 minutos, reteve 66,6, 50 e 44,4 % da atividade original, respetivamente. Além disso, ao aquecer a solução enzimática a 45, 50, 55 e 65 °C durante os intervalos de tempo de 15, 30 e 60 minutos a pHs mais elevados de 5,6 e 6,2, a enzima apresentou actividades residuais mais baixas. Isto denota a estabilidade excelente e considerável da enzima de coagulação do leite de *S. marianum* parcialmente purificada a um pH ligeiramente ácido de 5,2.

8. Efeito de alguns co-factores e inibidores sobre a enzima de coagulação do leite parcialmente purificada.

Na presença de 1,0, 10 e 100 mM de $BaCl_2$, a enzima perdeu 33, 50 e 64 % da sua atividade, respetivamente. O EDTA conduziu a uma perda de atividade enzimática de 20 e 33 % a 10 e 100 mM, respetivamente. O $MgSO_4$ a uma concentração de ImM não teve qualquer efeito sobre a atividade da enzima , mas a 10 e 100 mM inibiu a atividade da enzima e reteve 73 e 33 % da sua atividade original, respetivamente. Os compostos $FeSO_4$ e KC1 tiveram efeitos inibitórios diferentes na atividade da enzima de coagulação do leite parcialmente purificada, tendo a enzima retido 66 e 50 % da atividade original a 1,0 e 10 mM de $FeSO_4$ e KCl, respetivamente. A 100 mM de $FeSO_4$ ou NaCl, a enzima foi inibida e reteve apenas 25 e 22% da atividade original, respetivamente.

Cada um dos MnSO4, NaCl, CaCl2 e CuSO4 em concentrações de 1,0 e 10 mM não teve efeito na atividade enzimática, mas na concentração mais elevada (100 mM) o MnSO4 inibiu a atividade enzimática e a atividade relativa ascendeu a 66,6 %, enquanto NaCl, $CaCl_2$ e $CuSO_4$ activaram a atividade enzimática, que ascendeu a 114, 120 e 150 % do original, respetivamente. O HCl de cisteína a 1,0, 10 e 100 mM de concentração activou a enzima para 105,120 e 150 % do original, respetivamente.

9. Aplicação da enzima de coagulação do leite de *S. marianum* parcialmente purificada em diferentes amostras de leite.

O leite em pó de nata completa apresentou a atividade enzimática mais elevada (151,52 U), seguido do DSM e do leite de búfala fresco (133,2 U), em comparação com todas as outras amostras de leite utilizadas. Verificou-se que a eficiência da enzima parcialmente purificada actua em muitas amostras de leite e produziu coágulos duros com cada um dos leites DSM, leite gordo seco, leite de vaca ou de búfala, mas com o leite gordo ou desnatado pasteurizado. O leite de cabra ou de camelo produziu coágulos moles.

10. estudos cinéticos sobre a enzima de coagulação do leite de *5. marianum* parcialmente purificada.

O gráfico de Woolf indicou que o valor K_m do substrato (DSM) na mistura de reação foi de 398,3 mg/reação e o V_{max} foi de 108,14U.

REFERÊNCIAS

Abdalla, M.O.M.; Ali, A.A.D. e Mohamed, E.B. (2010). Extração, medições da atividade de coagulação do leite e purificação de *Solanum dubium* Fresen (Gubbain) para a produção de queijo. World J. Dairy Food Sci., 5(2):152-159.

Abdel-Fattah, A.F. e El-Hawwary, N.M. (1974). Atividade e propriedades da enzima de coagulação do leite de *Penicillium citrinum*. ZbL. Bakt. Abt., 129(5):481-486.

Adda, J.; Gripon, J.C e Vassal, L. (1982). The chemistry of flavor and texture generation in cheese, Food Chem, 9;115-129.

Ahmed, S.A. e Helmy, W.A. (2012). Avaliação comparativa das enzimas de coagulação do leite de *Bacillus licheniformis* 5A5 e *Aloe variegata*. Braz. J. Chem., 29:69-76.

Aikawa, J.; Yamashita, T.; Nishiyama, M.; Horinouchi, S. e Beppu, T. (1990). Effects of glycosylation on the secretion and enzyme activity of *Mucor* rennin, an aspartic proteinase of *Mucor pusillus*, produced by recombinant yeast. J. Biol. Chem., 15:(23). 13955-13959.

Aly, A.E. (1998). Atlas da Flora que Domina a Região da Costa Noroeste do Egito. Conselho Regional de Investigação e Extensão. Rose Elyoussef New Presses, Cairo, Egito. p 354.

Anson, M.L. (1937). A estimativa da papaína com hemoglobina. J. Gen. Physiol., 20(4): 561-563.

Areces, L.B.; Bonino, M.J.; Parry, M.A.A.; Fraile, E.R.; Fernandez, H.M. e Cascone, O. (1992). Purificação e caraterização de uma protease de coagulação do leite de *Mucor baciliformis*. Appl. Biochem. Biotech, 37:283-294.

Arima, K.; Yu, J. e Iwasaki, S. (1970). Enzima de coagulação do leite de *Mucor pusillus* var. Lindt. In: Perlmann G, Lorand L (eds). Methods in Enzymology, Académico, Nova Iorque, 19:446-459.

Ariza-Espinar, L. e Delucchi, G. (1998). 280 Asteraceae, parte

11. Tribu XI.Cardueae. In L. Ariza-Espinar (Ed.), Flora Faneroga'mica Argentina. Co'rdoba: Pro Flora. pp. 24-25.

Aworh, O.C. e Muller, H.G. (1987). Propriedades de fabrico de queijo de coalho vegetal de maçã de *Sodoma* (*Calotropis procera*). Química Alimentar, 26(1):71-79.

Aworh, O.C. and Nakai, S. (1986), Extraction of milk clotting enzyme from Sodom apple (*Calotropis procera*). Journal of Food Science, 51(6):1569-1570.

Beppu, T. (1983). Clonagem e expressão de genes de quimosina (renina) em microorganismos. Trends Biotechnol, 1:85-9.

Bergkvist, R. (1963). A enzima proteolítica do método *Aspergillus oryzae* para a estimativa e isolamento das enzimas proteolíticas. Ata Chemica Scandinavica, 17:1521-1540.

Bhoopathy, R. (1994). Enzyme technology in food and health industries. Indian Food Ind., 13:22-31.

Broome, M.C. e Limsowtin, G.K.Y. (1998). Coagulantes do leite. Aust. J. Dairy Technol., 53:188-190.

Brown, E.D., Wynne, G.M., Clarke, A.J e Yada, R.Y. (1990). Purificação de duas proteinases aspárticas fúngicas por cromatografia líquida de proteínas rápidas. Agric. Biol. Chem., 54: 1563-1565.

Bruno, M.A., Pardo, M.F., Caffrni, N.O. e Lo'pez, L.M.I. (2002). Purificação de uma nova endopeptidase isolada de frutos de *Bromelia hieronymi* Mez (Bromeliaceae). Ata Farmace'utica Bonaerense, 21(1);51-56.

Bruno, M.A., Trejo, S.A., Avile's, F.X., Caffini, N.O. e Lo'pez, L.M.I. (2007). Clonagem e sequenciação de uma cisteína protease de frutos de *Bromelia hieronymi* Mez. Biocell (Suppl.), 31138.

Bruno, M.A.; Pardo, M.F.; Caffini, N.O. e Lo' pez, L.M.I. (2003). Hieronymain I, uma nova cisteína peptidase isolada de frutos verdes de *Bromelia hieronymi* Mez (Bromeliaceae). Journal of Protein Chemistry, 22(2).127-134.

Bruno, M.A.; Pardo, M.F.; Caffini, N.O.; Lo'pez, L.M.I.; Lazza, C.M. e Errasti, M.E. (2010). Coagulação do leite e atividade proteolítica de uma preparação enzimática dos frutos *de Bromelia hieronymi*. Ciência e Tecnologia de Alimentos, 43: 695-701.

Bruno, M.A.; Trejo, S.A.; Avile' s, F.X.; Caffini, N.O. e Lo' pez, L.M.I. (2006). Isolamento e caraterização de Hieronymain II, outra peptidase isolada de frutos de *Bromelia hieronymi* Mez. The Protein Journal, 25(3):224-231.

Cabral, J.M.S.; fevereiro, P.; Novais, J.M. e Pais, M.S.S. (1984). Comparação de métodos de imobilização de células vegetais e protoplastos. Annals of the New York, 434(2):501-503.

Carr, S. (1981). Pocket guide to cheese. Mitchell Beazley Pub. Ltd. Londres, Reino Unido. pp. 114-115.

Carroll e Ricky. (1994). Cheesemaking Made Easy: 60 Delicious Varities [Fabricação de Queijo Fácil: 60 Variedades Deliciosas*]*. North Adams: Storey Books. 144 P.

Cavalcanti, M.T.H.; Teixeira, M.F.S.; Porto, A.L.F. e Lima Filho, J.L. (2004). Purificação parcial de nova enzima coagulante do leite produzida por *Nocardiopsis sp.* Bioresource Technology, 93:29-35.

Chazarra, S.; Sidrach, L.; Lopez-Molina, D. e Rodriguez-Lopez, J.N. (2007). Caracterização das propriedades coagulantes do leite de extractos de flores de alcachofra (*Cynara scolymus* L.). Int. Dairy J., 17:1393-1400.

Cordeiro, M.C.; Xue, Z.T.; Pietrzak, M.; Pais, M.S. e Brodelius, P.E. (1994). Isolamento e caraterização de um cDNA de flores de *Cynara cardunculus* que codifica a ciprosina (uma proteinase aspártica) e sua utilização para estudar a expressão específica de órgãos da ciprosina. Biologia Molecular das Plantas, 24:733-741.

Creamer, L.K. (2003). Casein nomenclature, structure and association properties (Nomenclatura, estrutura e propriedades de associação da caseína). In: Encyclopedia of Dairy Sciences (Eds H. Roginski, J.W. Fuquay & P.F. Fox), Academic Press, Amsterdam, pp. 1895-1902.

Dalgleish, D.G. (1992). Coagulação enzimática do leite. Em

Advanced Dairy Chmistry-1-Proteins, Elsevier Science Publisher, Londres, 579-619.

Danley, D.E. e Geoghegan, K.F. (1988). Estrutura e mecanismo de formação de quimosina C derivada de recombinante. J. Biol. Chem., 263:9785-9789.

Dehmlow, C.; Murawski, N. e de Groot, H. (1996). Eliminação de espécies reactivas de oxigénio e inibição do metabolismo do ácido araquidónico pela silibinina em células humanas. Life Sci., 58:1591-1600.

Dixit, V.S. e Pant, A. (2000). Caracterização comparativa de duas serina endopeptidases de *Nocardiopsis* sp. NCIM 5124. Biochimica Biophysica Ata, 1523:261-268.

Dixon, M. e Webb, E.C. (1964). Enzymes, segunda edição. Longmans, Londres, Colchester, p 950.

Domingos, A.; Xue, Z.T.; Guruprasad, K.; Clemente, A.; Blundell, T.; Pais, M. S., *et al.* (1998). Uma proteinase aspártica de flores de *Centaurea calcitrapa*. Purificação, caraterização, clonagem molecular e modelação da sua estrutura tridimensional. Avanços em Medicina Experimental e Biologia, 436: 465-472.

Egito, A.S.; Girardet J.M.; Laguna L.E.; Poirson C.; Molle', D.L.; Miclo Humbert, G. e Gaillard J.L. (2007). Atividade coagulante do leite de extractos enzimáticos de sementes de girassol e albizia e hidrólise específica da k-caseína bovina. International Dairy Journal, 17:816-825.

El-Aassar, S.A.; Ghanem, K.M.; Sabry, S.A. e Ghanem, N.B. (1992). Purificação e caraterização de quitinases produzidas por Bacillus amyloliquefaciens. Bull. Fac. Sci. Alex. Univ., 32(A):204-215. '

El-Abbassy, F. e Wahba, A. (1986). Estudos sobre a pepsina de camelo. I. Efeito de alguns aditivos. Egyptian J. Dairy Sci., 14: 181-186.

El-Batawy, M.A., Amer, S.N. e Ibrahim, S.A. (1987). O abomaso de camelo como fonte de substituto do coalho. Egito. J. Dairy Sci.,15:93-100.

El-Bendary, M.A. (2004). Formação e propriedades da enzima serina protease com atividade coagulante do leite de *Bacillus sphaericus*. Egito. J.Appl. Sci., 19:68-91.

El-Bendary, M.A.; Moharam, M.E. e Ali, T. H. (2007). Purificação e Caracterização da Coagulação do Leite Enzima Produzida por *Bacillus sphaericus.* Journal of Applied Sciences Research, з(8):695-699.

El-Mallah M. H., El-Shami. S. M. e Hassanein. M. M., (2003). Estudos detalhados sobre alguns lípidos do óleo de sementes de *Silybum marianum* (L.). Grasas y Aceites, 54(4):397-402.

El-Sayed, S.T. (2002). Purificação e caraterização de enzimas de coagulação do leite, a partir de frutos de *Phaseolus vulgaris* e *Pisum sativum.* Egyptian Journal Biotechnology, 12:26-43.

El-Zalaki, E.M.; Mohasseb, Z.S. e Mohamed, M.S. (1974). Protease microbiana para a tendelização da carne I. Fontes e factores que influenciam a atividade enzimática II. Duas proteases parcialmente purificadas de *Aspergillus oryzae* e suas propriedades. Alex. J. of Agric. Res., 22(1):55-71.

Escobar, J. e Barnett, S. (1993). Efeito da velocidade de agitação na síntese da protease ácida *de Mucor miehei.* Enzyme Microb. Technol., 15:1009-1013.

Falciai, L. e Minervini, R. (1992). In: Muzio, F. (Ed.), Guida dei crostacei decapodi d'Europa. Roma, Itália, 282 p.

Fankhauser, D.B. (2007). Página do Queijo de Fankhauser. Universidade de Cincinnati Clermont College, Batavia OH.

Ferdinand, W. (1976). A molécula enzimática. John Willey and Sons. Londres, Nova Iorque, Sydney, Toronto, p 289.

Ferna'ndez-Salguero, J. e Sanjua'n, E. (1999). Influência do coalho vegetal e animal na proteólise durante a maturação do queijo de leite de ovelha. Química Alimentar, 64: 177-183.

Ferna'ndez-Salguero, J.; Tejada, L. e Go' mez, R. (2002). Utilização de coagulante vegetal em pó no fabrico de queijos de leite de ovelha. Journal of the Science of Food and Agriculture, 82:464-468.

Foltman, B. (1993). In Cheese-Chemistry, Physics and

MicrobiologyGeneral Aspects (ed. Fox, P. F.), Chapman and Hall, London, 2[nd]ed., 1:37-68.

Foster, S. (1991). Cardo mariano: *Silybum marianum*. Austin, TX: Conselho Botânico Americano. Série Botânica No. 305.

Fox, P.F. (1993). Enzimas exógenas na tecnologia dos lacticínios. Journal of FoodBiochmistry, 17:173-199.

Fox, P.F.; Guinee, T.P.; Cogan, T.M.; Paul, L. H. e McSweeney, p. (2000). Fundamentals of Cheese Science. Gaithersburg, Maryland: Aspen Publishers. 559 p.

Fox, P.F.; McSweeney, P.; Cogan, T.M. e Guinee, T.P. (2004). Queijo. Química, Física e Microbiologia: Major cheese groups. Academic Press, Londres, 2:434 p.

Fox,P.F e Mulvihill,D.M. (1990). Caseína. In: HarrisP editores. Food Gels. Nova Iorque, NY: Elsevier Appl. Sci., 121 p.

Freitas, A.C.; Macedo, A.C. e Malcata, F.X. (2000). Aspectos tecnológicos e organolépticos do queijo com denominação de origem fabricado na Península Ibérica a partir de leites de ovino e caprino. Food Science and Technology International, 6:351-370.

Garcia-Carreno, F.L.; Hern'andez-Cort'es, M.P. e Haard, N.F. (1994). Enzimas com peptídeos e atividade de proteinase do sistema digestivo de um decápode de água doce e de um decápode marinho. J. Agric. Food Chem., 42:1456-1461.

Garnot, P. (1985). Estabilidade térmica das enzimas de coagulação do leite, consequências tecnológicas. Boletim da Federação Internacional de Lacticínios, 194:2-6.

Garnot, P. e Molle, D. (1987). Estabilidade térmica das enzimas de coagulação do leite em condições encontradas no fabrico de queijo suíço. Journal Food Science, 52:75-77.

Go' mez, R.; Sa' nchez, E.; Vioque, M.; Ferreira, J.; Tejada, L. e Ferna'ndez-Salguero, J. (2001). Caraterísticas microbiológicas do queijo de leite de ovelha fabricado com extractos aquosos de flores de várias espécies de cardo *Cynara* L. Milchwissenschaft, 56:16-19.

Gobbetti, M., Rizzello, J.C., Di Cagno, R. & De Angelis, M. (2007). Sourdough lactobacilli and celiac disease. Food

Microbiology, 24:187-196

Goff, C.G.; Moi, D.T.; Kohno, T.; Gravius, T.C.; Smith, R.A.; Yamasaki, E. e Taunton-Rigby. (1984). A. Expressão de Calf Prochymosin em *Saccharomyces cerevisiae.* Gene, 27:3546.

Gomori, G. (1955). Preparação de tampões para utilização em estudos de atividade enzimática. In: Métodos em Enzimologia. (Colwick, S.P. e Kaplan, N.O.). Academic Press Inc. Pub. Nova Iorque. 1:138-146.

Green, M.L. (1973). Estudos sobre o mecanismo de coagulação do leite. Neth. Milk Dairy J., 27:278-285.

Green, M.L. (1984). In Advances in the Microbiology and Biochemistry of Cheese and Fermented Milk (eds Davies, F. L. e Law, B. A.). Applied Science Publ., Inglaterra, pp. 1-34.

Greenberg, D.M. (1957). Em Methods in Enzymology. Nova Iorque e Londres, pp. 2-54.

Guiama, V.D.; Libouga, D.G.; Ngah, E. e Mbofung C.M. (2010). Atividade de coagulação do leite de extractos de bagas de nove plantas *de Solanum.* AfricanJournal of Biotechnology, 9(25):3911-3918.

Gunasekaran, Sundaram e Ak, A. (2003). Cheese Rheology and Texture. Boca Raton, Florida: CRC Press LLC, p 512.

Gupta, C.B. e Eskin, A.M. (1977). Potential use of vegetable rennet in the production of cheese. Food Technology-Chicago, 5:62-65.

Haard, N.F. (1992). Uma revisão das enzimas proteolíticas de organismos marinhos e sua aplicação na indústria alimentar. J. Aquat. FoodProd. Technol., 1:17-35.

Hadolin, M.; Skerget, M.; Knez, Z. e Bauman, D. (2001). Extração a alta pressão de óleo rico em vitamina E de *Silybum marianum.* Food Chem, 74:355-64.

Han, X.Q. e Shahidi, F. (1995). Extração de proteases gástricas de foca harpa e sua imobilização em quitina. Food Chem, 52:71-76.

Hashem, A.M. (1999). Otimização da produtividade da enzima de coagulação do leite por *Penicillium oxalicum.*

Bioresource Technology, 70:203-207.

Hashem, A.M. (2000). Purificação e propriedades de uma enzima de coagulação do leite produzida por Penicillium oxalicum. Bioresource Technology, 75:219-222.

Hetz, E.; Liersch, R. e Schieder, O. (1995). Investigações genéticas sobre *Silybum marianum* e *S. eburneum* no que respeita à cor das folhas, rácio de cruzamento e composição de flavonolignanos. Planta Medica, 61:54-7.

Henywood, V.H.; Harborne , J.B. e Torner, B.L. (1977). The Biology and Chemistry of Compositae. Acadamic Press, Londres. 414 p.

Holt, C. (1992). Estrutura e estabilidade das micelas de caseína bovina. Adv Protein Chem, 43:63-151.

Horne, D.S. (1998). Interações da caseína: Lançando luz sobre as caixas pretas, a estrutura em produtos lácteos. Int. Dairy J., 8(3):171-7.

Hurley, L. e Walter. (2009). Biblioteca de Recursos de Composição e Síntese do Leite. http://classes.aces.uiuc.edu.

Hyam, R. e Pankhurst, R. (1995). Plants and Their Names, A Concise Dictionary Oxford Univ. Press, England. 465 p.

IMC (Centro de Modernização Industrial). (2005). Egyptian Processed Food Setor Review. Relatório final. ECORYS-NEI. Políticas Macro e Sectoriais. Roterdão, Egito. p 435.

Ismail, A.S.; El-Aassar, S.A. e Abdel-Fattah, A.F. (1987). Purificação parcial de enzimas de coagulação do leite e caseinase produzidas por *Absidia cylindrospora* e isolamento de enzima semelhante à renina. Zentralbl. Mikrobiol, 142:31-35.

Ismail, A. S. (1996). Utilização de cascas de laranja para a produção de complexos multienzimáticos por algumas estirpes de fungos. Process Biochemistry, 31:645-650.

Katiyar, S.K.; Korman, N.J.; Mukhtar, H. e Agarwal, R. (1997). Efeitos protectores da silimarina contra a fotocarcinogénese num modelo de pele de rato. J. Natl. CancerInst., 89(8): 556-566.

Kawaguchi, Y.; Kosugi, S.; Sasaki, K.; Uozumi, T. e Beppu,

T. (1987). Produção de quimosina em células *de Escherichia coli* e suas propriedades enzimáticas. Agric. Biol. Chem., 51:1871-1877.

Kenneth, M.D.; Martin Hahn, M.D.; Hugo Rosen, M.D. e Kent Benner, M.D. (1998). Cardo mariano (*Silybum marianum*) para o tratamento de doenças do fígado. American J. *Gastroenterol.*, 93:139-143

Kim, S.Y.; Gunasekaran, S. e Olson, N.F. (2004). Utilização combinada de quimosina e protease de *Cryphonectria parasitica* para o controlo da fusão e firmeza do queijo cheddar. Journal of Dairy Science, 87(2):274-283.

Korhonen, H. e Pihlanto-Leppala, A. (2001). Peptídeos bioactivos derivados da proteína do leite - novas oportunidades para a promoção da saúde. *Boletim IDF,* 363:17-26.

Krecman, V.; Skotova, N.; Waterova, D.; Ulrichova, J. e Simanek, V. (1998). Silymarin inibe o desenvolvimento de hipercolesterolemia induzida por dieta em ratos. Planta Med., 64:138-142

Kumar, S.; Sharma, N. S.; Saharan, M.R. e Singh, R. (2005). Protease ácida extracelular de *Rhizopus oryzae*: Purificação e caraterização. Process Biochem, 40:1701-1705.

Law, B.A. e Wigmore, A. (1982). Maturação acelerada de queijo com proteinases de qualidade alimentar. Journal of Dairy Research, 49:301-311.

Lealem, F. e Gashe, B.A. (1994). Produção de amilase por uma bactéria Grampositiva isolada de tef em fermentação (Eraglostis tef). Journal Applied Bacteriology, 77:348-352.

Leasure, L.L. (1980). Regulação da protease ácida extracelular em *Mucor miehei.* Mycologia, 72:83-86.

Leeuw, A. De e Swinkles, B. (1993). Produção de quimosina pela levedura *Kluyveromyces lactis*. Voedingsmiddelen Technol, 26:912.

Levadoux, W.; Johnson, M. e Andr, G. (1989). Monitorização da degradação de preparações comerciais de coalho microbiano. J. Dairy Sci., 72:627-634.

Llorente, B.; Brutti, C. e Caffini, N.O. (2004). Purificação e caraterização de proteinases aspárticas coagulantes do leite da alcachofra (*Cynara scolymus L.*). Journal of Agriculture and Food Chemistry, 52(26):8182-8189.

Loguercio, C. e Festi, D. (2011). Silybin e o fígado: Da investigação básica à prática clínica. World J Gastroenterol. 17(18): 2288-2301.

Lopes, A.; Teixerira, G.; Liberato, M.C.; Pais, M.S. e Clemente, A. (1998). Novas fontes vegetais de enzimas de coagulação do leite. J. Mol. Catal. B-Enzym, 5:63-68.

Louro Martins, A.P., Pestana de Vasconcelos, M.M. e de Sousa, R.B. (1996). Flor de cardo (*Cynara carduncul*us L) como agente coagulante para a fabricação de queijo. Breve caraterização. Lait., 76:473-477.

Lowry, O.H.; Rosebrough, N.J.; Farr, A.L. e Ranall, R.T. (1951). Medição de proteínas com o reagente de folina-fenol. Journal Biological Chemistry, 193:265-273.

Lucey, J.A. (2002). Formation and Physical Properties of Milk Protein Gels (Formação e Propriedades Físicas dos Géis de Proteína do Leite). J. Dairy Sci., 85(2):281-94.

Lysenko, S.V. e Salvonic, S.M. (1988). Isolamento de *Actinomicetos* que sintetizam protease com atividade trombolítica. Mikrobiologiia, 57(4):571-573.

Macedo, A.C. e Malcata, F.X. (1997). Otimização tecnológica do fabrico do queijo da Serra. Revista de Engenharia Alimentar, 31:433-447.

Macedo, A.C.; Malcata, F.X. e Oliveira, J.C. (1993). Tecnologia, química e microbiologia do queijo da Serra: Uma revisão. Journal of Dairy Science, 76:1725-1739.

Mara, O. e Kelly, A.L. (1998). Contribuição das enzimas do leite, do fermento e do coalho para a proteólise durante o armazenamento do quarg. Int. Dairy J., 8:973-979.

Martin, P.; Ferranti, P., Leroux, C e Addeo, F. (2003). Caseínas não bovinas: variabilidade qualitativa e diversidade molecular. In: Advanced Dairy Chemistry, *Volume 1: Proteins*, 3rd edn (Eds P.F. Fox &P.L.H. McSweeney), Nova Iorque, pp. 277-318

McMahon, D.J.; Richardson, G.H. e Brown, R.J. (1984).

Coagulação enzimática do leite: Papel da equação envolvendo o tempo de coagulação e a firmeza da coalhada na descrição da coagulação. Journal of Dairy Science, 67:1185-1193.

Meisel, H. (1988). Characterisation of rennet preparations produced by genetic engineering in comparison to calf rennet. Milchwissenschaft, 43:71-75.

Mellor, J.; Dobson, M.J.; Roberts, N.A.; Tuite, M.F.; Emtage, J.S.; White, S.; Lowe, P.A.; Patel, T.; Kingsman, A.J. e Kingsman, S.M. (1983). Síntese eficiente de quimosina de vitelo enzimaticamente ativa em *Saccharomyces cerevisiae.* Gene, 24(1):1-14.

Merheb-Dini, C.; Gomes, E.; Boseolo, M. e da Silva, R. (2010). Produção e caraterização de uma protease coagulante do leite no extrato enzimático bruto do *Thermomucor indicae-seudaticae* N31 recentemente isolado (Milk-clotting protease from the newly isolated *Thermomucor indicae-seudaticae N31*). FoodChemistry, 120:87-93.

Metin, M. (1998). S.t Teknolojisi, I. B.l.m: S.t.n Bileβimi ve Uβlenmesi. Ege. niv. M. hendislik Fak. Yay. No: 33, Uzmir, Trkiye. Pp 19-21.

Mohamed Ahmed, I.A.; Morishima, I.; Babiker, E.E. e Mori, N. (2009). Caracterização da enzima de coagulação do leite parcialmente purificada a partir de sementes de *Solanum dubium* Fresen. Food Chemistry, 116:395-400.

Mohamed, M. O.; May, A. T. e Morris, H. A. (1988). Effect of pH, $CaCl_2$ and soy protein on [Ca^{2+}] in reconstituted non fat dry milk and on rennet-induced coagulum properties. Journal of Food Science, 53(3):798-804.

Mohanty, A.K.; Mukhopadhyay, U.K.; Kaushik, J.K.; Grover, S. e Batish, V.K. (1998). In the Proceedings of the 29th Conference of Dairy Industry, Karnal, November, pp.152.

Morazzoni, P. e Bombardelli, E. (1995). *Silybum marianum* (Carduus marianus). Fitoterapia, 46(1):.3-42.

Moreira, K.A.; Porto, T.S.; Teixeira, M.F.S.; Porto, A.L.F. e Lima-Filho, J.L. (2003). Nova protease alcalina de

Nocardiopsis sp. purificação parcial e caraterização. Bioquímica de Processos, 39(1):67-72.

Mossa, J.S.; El-Yahya, M.A. e Al-Meshal, I.A. (1987). Medicinal Plants of Saudi Arabia (Plantas Medicinais da Arábia Saudita). King Saud Univ. Libraries, Riyadh, Arábia Saudita. 1:278 p.

Najera, A.I.; DeRenobales, M. e Barron, L.J.R. (2003). Efeito do pH, temperatura, $CaCl_2$ e concentrações de enzimas nas propriedades de coagulação do leite de coalho: um estudo multifatorial. Food Chemistry, 80:345-352.

Neelakantan, S.; Mohanty, A.K. e Kaushik, J.K. (1999). Production and use of microbial enzymes for dairy processing. Current Sci., 77:1-6.

Nova Enciclopédia Padrão. (1997). Queijo. Standard Educational Corporation, Chicago, IL, 4:238-240.

Ng-Kwai-Hang, K.F. (2003). Proteínas do leite: heterogeneidade, fracionamento e isolamento. In: Encyclopedia of Dairy Sciences (Eds H. Roginski, J.W. Fuquay & P.F. Fox), Academic Press, Amsterdam. pp. 1881-1894.

Nishimori, K.; Kawaguchi, Y.; Hidaka, M.; Uozumi, T. e Beppu, T. (1982). Expressão da sequência do gene clonado da proquimosina de vitelo em *Escherichia coli.* Gene, 19(3): 337-344.

O'Connell, J.E.; Grinberg, V.Y. e De Kruif, C.G. (2003). Comportamento de associação da -caseína. Journal of Colloid and Interface Science, 258: 33-39.

Otani, H.; Matsumori, M. e Hosono, A. (1991). Purificação e algumas propriedades de uma protease de coagulação do leite das sementes jovens de *Albizia julibrissin.* Animal Science and Technology, 62:424432.

Padmanabhan, S.; Chitre, A. e Shastri, N. (1993). Protease de coagulação do leite isolada de *Dieffenbachia maculata.* Die Nahrung, 37:99-101.

Park, H.; Yamanaka, N.; Mikkonen, A.; Kusakabe, I. e Kobayashi, H. (2000). Purificação e caraterização da proteinase aspártica de sementes de girassol. Bioscience, Biotechnology and Biochemistry, 64:931-939.

Patil Pallavi, M.; Kulkarni Avanti, A. e Kininge Pallavi, T. (2012). Produção de enzima de coagulação do leite a partir de *Aspergillus oryzae* em fermentação em estado sólido utilizando uma mistura de farelo de trigo e farelo de arroz. Revista Internacional de Publicações Científicas e de Investigação, 2(10); 22-31.

Payens, T.A.J.; Wiersms, A.K. e Brinkhuis, J. (1977). Biophysical Chemistry, 6:253-261.

Pintado, A.I.; Macedo, A.C.; Teixeira, G.; Pais, M.S.; Clemente, A. e Malcata, F.X. (2001). Atividade caseinolítica do extrato de frutos de *Opuntia ficus-indica* sobre caseinatos de sódio bovino, caprino e ovino. Biotechnol. Progr., 17(4):643-646.

Pires, M.S.; Orellana, G.A. e Gatti, C.A. (1999). Coagulação do coalho de micelas de caseína e micelas de caseína aquecidas: Ação do Ca^{2+} e do pH. Food Hydrocolloids, 13:235-238.

Rao, M.B.; Tanksale, A.M.; Ghatge, M.S. e Deshpande, V.V. (1998). Aspectos moleculares e biotecnológicos das proteases microbianas. Microbiol. Mol. Biol. Rev., 62(3): 597-635.

Reis, P.M.; Lourenco, P.L.; Domingos, A.; Clemente, A.F.; Pais, M.S. e Malcata, F.X. (2000). Aplicabilidade de extractos de *Centaurea calcitrapa* na maturação de queijo bovino. International Dairy Journal, 10:775-780.

Reps, A.; Je^drychowski, L.; Wisniewska, K. e Jankowska,

A.

(2006). Aplicação de uma preparação coagulante obtida com *Rhizomucor miehei* n no fabrico de queijo. Jornal de Nutrição do Paquistão, 5(2):97-101.

Ridgwell, J. e Ridgway, J. (1986). Food around the World. Oxford University Press, ISBN 0-19-832728-5. P 128.

Rona, Z. (1998). O colostro bovino surge como modulador do sistema imunitário. Amerian Journal of Natural Medicine, 5(2):19-23.

Roseiro, L. B.; Barbosa, M.; Ames, J. M. e Wilbey, A. (2003). Fabrico de queijo com coagulantes vegetais - A utilização de *Cynara L.* para a produção de queijo de leite de ovelha.

International Journal of Dairy Technology, 56:76-85.

Sadaqat, H.; Sabir A.; Khan, S.A. e Aziz, P. (1983). Cultivo experimental de *Silybum marianum* e composição química do seu óleo. Pakistan J. Sci. Indian Res., 26:244-6.

Saleh, S.A. (2004). Alternativa vegetal segura e aplicável às enzimas de coagulação do leite animal e microbiano. N. Egito. J. Microbiol, 9:297309.

Sardinas, J.L. (1968). Enzima Rennin de *Endothia parasitica*. Microbiologia Aplicada, 16:248-255.

Selim, T.H. (2009). A indústria egípcia de processamento de alimentos: Formalização versus Informalização no âmbito da Política de Segurança Alimentar da Nação. Alfred P. Sloan Industry Studies Association. Estudos Gerais da Indústria. Conferência Anual, Chicago.

Shahidi, F. e Kamil, Y.V.A. (2001). Enzimas de peixes e invertebrados aquáticos e sua aplicação na indústria alimentar. Trends Food Sci. Technol., 12:435-464.

Shieh, C.J; Phan Thi, L.A. e Shieh, I.L. (2009). Enzimas de coagulação do leite produzidas por cultura de *Bacillus subtilis* natto. Biochemical Engineering Journal, 43:85-91.

Silva, S. V. e Malcata, F.X. (1999). Sobre a atividade e especificidade da cardosina B, uma proteinase vegetal, sobre as caseínas ovinas. Química Alimentar, 67:373-378.

Silva, S.V.; Barros, R.M. e Malcata, F.X. (2002). Hidrólise de caseínas por extractos de *Cynara cardunculus* precipitados por sulfato de amónio. *Journal* of Food Science, 67(5):1746-1751.

Smith, J.L. e Yada, R.Y. (1991). Characterization of two aspartyl proteinases from a commercial fungal (*Mucor miehei*) rennet. Canadian Institute of Food Science and Technology Journal, 24:48- 53.

Sousa, M.J. e Malcata, F.X. (1997). Comparação de coalho vegetal e animal em termos de caraterísticas microbiológicas, químicas e proteolíticas do queijo de ovelha. Jornal de Química Agrícola e Alimentar, 45:74-81.

Sousa, M.J. e Malcata, F.X. (1998). Proteólise de caseínas ovinas e caprinas em solução por extractos enzimáticos de

Cynara cardunculus. Enzyme Microbiology and Technology, 22:305314.

Sousa, M.J. e Malcata, F.X. (2002). Avanços sobre o papel de um coagulante vegetal (*Cynara ardunculus*) in vitro e durante a maturação de queijos de várias espécies lácteas. Le Lait, 82(2):151-170.

Sousa, M.J e Malcata, F.X. (1996). Efeitos das condições de processamento na atividade caseinolítica de extractos brutos de *Cynara cardunculus* L. **Food Sci. Techno.**, 2:255-263

Stanley, G. (1998). Em Microbiology of Fermented Foods (ed. Wood, B. J. B.), Blackie Acad. and Prof., Londres, 2nd ed., 1:263-307.

Swaisgood, H.E. (2003). Química das caseínas. In: Advanced Dairy Chemistry, *Volume 1: Proteins*, 3rd edn (Eds P.F. Fox & P.L.H. McSweeney), Kluwer Academic/Plenum Publishers, New York, pp. 139-202.

Tamer, I.M. (1993). Identificação e purificação parcial de uma nova enzima de coagulação do leite de *Onopordum turcicum*. Biotechnology Letters, 15:427-432.

Tamime. A.Y. (2006). Brined Cheeses. REINO UNIDO: Blackwell Published. 274 p.

Tavares, J.F.P.; Batista, J.A.B. e Marcone, M.F. (1997). Enzimas coagulantes do leite de pasta de atum como substituto do coalho. J. Food Sci. Technol., 48:169-176.

Tavaria, F. K.; Sousa, M. J. e Malcata, F. X. (2001). Efeitos de armazenamento e liofilização de extractos de *Cynara cardunculus* na degradação de caseínas ovinas e caprinas. Química Alimentar, 72:79-88.

Tavaria, F.K.; Sousa, M.J.; Domingos, A.; Malcata, F.X.; Brodelius, P.; Clemente, A. e Pais, M.S. (1997). Degradação de caseínas de moles de diferentes espécies por extractos de *Centaureae calcitrapa*. J. Agric. Food Chem., 45(10):3760-3765.

Tejada, L.,e Fernandez-Salguero, J. (2003). Caraterísticas químicas e microbiológicas do queijo de ovelha (Los Pedroches) fabricado com coagulante vegetal em pó ou coalho de vitelo. Jornal Italiano de Ciência Alimentar, 15:125-132.

O Conselho dos Lacticínios. (2009). A importância do leite e dos produtos lácteos como parte de uma dieta saudável e equilibrada. http://www.milk.co.uk.

Trujillo, A.J.; Buenaventura, G.; Laencina, J. e Lo'pez, M.B. (2000). Actividades proteolíticas de algumas enzimas de coagulação do leite sobre a caseína ovina. Food Chemistry, 71(4):449-457.

Tsuchiya, K.; Nakamura, Y.; Sakashita, H. e Kimura, T. (1992).

Purificação e caraterização de uma protease alcalina termoestável da *Thermoactinomyces* sp. HS682 alcalófila. Bioscience, Boitechnology & Biochemistry, 56(2):246-250.

Tsujibo, H., Miyamoto, K., Hasegawa, T. e Inamori, Y. (1990b).

Composições de aminoácidos e sequências parciais de dois tipos de serino-proteases alcalinas de *Nocardiopsis dassonvillei* subsp. *prasina* OPC210. Agriculture Biological Chemistry, 54:21772179.

Tsujibo, H.; Miyamoto, K.; Hasegawa, T. e Inamori, Y. (1990a). Purificação e caraterização de dois tipos de serina protease alcalina produzida por actinomicetos alcalofílicos. Journal Applied Bacteriology, 69:520-529.

Tubesha, Z.A. e Al-Delaimy, K.S. (2003). Enzima coagulante do leite do tipo Rennin produzida por um isolado local de *Mucor*. International Journal of Dairy Technology, 56:237-241.

Uçuncu, M. (2004). A'dan Z'ye Peynir Teknolojisi. Izmir: Meta Basım, 41:208-211.

Uçuncu, M. (2005). Sut ve mamulleri teknolojisi. Yzmir: Meta Basym, p517.

Uraz, T. (1979). Peynir MayalarYnda PYhtYlaβma G.c.n.n (Kuvvet) SaptanmasY .zerine BirAraβtYrma. GYda, 4:103-109.

USDA. (2008). (Departamento de Agricultura dos Estados

Unidos) para os EUA e países não europeus.

Vairo, C. S.; Claver, S.; Priolo, N. e Natalucci, C. (2005). Extração e caraterização parcial de uma preparação coagulante das flores de *Silybum marianum*. A sua ação sobre o caseinato bovino. Journal of Dairy Research, 72:271-275.

Van Hooydonk, A.C.M.; de Koster, P.G. e Boerrigter, I J. (1987). The renneting properties of heated milk. Neth. Milk Dairy J. 41:3-18.

Vega-Hernandez M.C.; Gomez-Coello, A.; Villar, J. e Claverie-Martin, F. (2004). Molecular cloning and expression in yeast of caprine prochymosin. J. Biotechnol, 114:69-79.

Veryssimo, P.; Faro, C.; Moir, A.J.G.; Lin, Y.; Tang, J. e Pires, E. (1996). Purificação, caraterização e sequenciação parcial de aminoácidos de duas novas proteinases aspárticas de flores frescas de *Cynara cardunculus* L. European Journal of Biochemistry, 235:762-768.

Vioque, M.; Gomez, R.; Sanchez, E.; Mata, C.; Tejada, L. e Fernandez-Salguero, J. (2000). Caraterísticas químicas e microbiológicas do queijo de leite de ovelha fabricado com extractos de flores de *Cynara cardunculus* e *Cynara humilis* como coagulantes. J. Agric. Food Chem., 48:451-6.

Visser, S., Rollema, H.S., Friedenthal, M.K. e Alebeek, G.J. (1988). Spectrophotometric Method for the Determination of Chymosin and Pepsin in Calf and Adult Bovine Rennets. Neth. Milk Dairy J.,42: 221-232.

Wahba, A.; El-Abbassy, F.; El-Shafei, H. e Awad, S. (1995). Efeito de alguns factores na atividade das enzimas de coagulação do leite. Egyptian Journal Food Science, 23, (1-2):27-35.

Walstra, P. (1979). The voluminosity of bovine casein micelles and some of its implications. J Dairy Sci UK, 46(2):317-22.

Walstra, P. (1999). Casein sub-micelles: do they exist? Internat. Dairy J.,9:189-192.

Walstra, P.; Jan, T.M.; Wouters, T.J., e Geurts. (2006). Dairy Science and Technology. Boca Raton: Taylor and Francis Group, CRC Press. P 762.

Wangoh, J.; Farah, Z. e Puhan, Z. (1993). Extração de coalho de camelo e sua comparação com o extrato de coalho de vitelo. Milchwissenschaft, 48(6):322-325.

Weiss, R. F. (1988). Herbal Medicine (traduzido do alemão por A.R. Meuss). Beaconsfield, Inglaterra: Beaconsfield Publishers Ltd.

Whitney, E.N. e S. R. Rolfes. (1999). Understanding Nutrition. Oitava edição. West/Wadsworth, Belmont, CA. p. 647.

Woolf, B. (1932). Citado em Allgemeine. Chemieder Enzyme, de Haldane, J.B.S. e Stern, K.G. Steinkopff Verlag. Dovosden e Leipzig. P.119.

Yada, R.Y. e Nakai, S. (1986). Utilização da análise de componentes principais para estudar a relação entre propriedades físicas/químicas e o rácio coagulação do leite/atividade proteolítica de algumas aspartil proteinases. J. Agric. Food Chem., 34:675-679.

Y amaguchi, T.; Yamashita, Y.; Takeda, Y. e Kiso, H. (1982). Enzimas proteolíticas em espargos verdes, kiwi e miut: ocorrência e caraterização parcial. Química Agrícola e Biológica, 46(8):1983-1986.

Y oshimoto, T.; Fukumoto, J. e Tsuru, D. (1971). Bacterial proteases: enzymic and physicochemical properties of the alkaline protease from *Bacillus* natto, Int. J. Protein Res., 3:285295.

Y ousif, B.H.; McMahon, D.J. e Shammet, K.M. (1996). Enzima de coagulação do leite da planta *Solanum dobium*. Int. Dairy J., 6:637-644. '

مولار هو تركيز كلوريد الكالسيوم المناسب، درجة الحرارة المثلي هى ٥٥° م، درجة الأس الهيدروجيني هى ٥,٢ , كما أن قيم الثوابت الحركية للإنزيم علي مادة التفاعل: ثابت ميكائيليس ٣,٩٨% (وزن : حجم) والسرعة القصوي ١٠٨,١٤ وحدة نشاط للتجبن/دقيقة.

الثبات الحرارى لإنزيم شبيه الرنين المنقى جزئيا

كما تبين أن إنزيم شبيه الرينين المنقى جزئيا يتميز بثبات حرارى جيد وذلك في مدى واسع من درجات الحرارة (٤٥ و٥٥ و ٦٥°م) حيث احتفظ بقدر كبير من نشاطه بعد ساعة من التحضين عند هذه الدرجات وعند درجات أس هيدروجيني مختلفة (٥,٢، ٥,٦، ٦,٢).

تأثير بعض المنشطات والمثبطات على نشاط إنزيم شبيه الرينين المنقى جزئيا

كما تمت دراسة تأثير كل من $CaCl_2$, $BaCl_2$, $MgSO_4$, $CuSO_4$, $FeSO_4$, $MnSO_4$, NaCl, KCl, EDTA & Cystiene HCl علي نشاط إنزيم شبيه الرينين المنقى جزئيا، حيث أدي ذلك إلي تأثيرات تنشيطية وتثبيطية مختلفة.

تطبيق استخدام الإنزيم المنقي جزئيا على أنواع مختلفة من الألبان

لقد تم تطبيق ذلك الإنزيم المنقي جزئيا على أنواع مختلفة من ألبان الجاموس والأبقار والماعز والجمال ولقد أثبتت الدراسة فاعليته على معظمها.

ومن هذه الدراسة تم إستنتاج ما يلى:-

أن بذور النبات البري المصري شوك الجمل (*Silybum marianum*) تحتوي علي إنزيمات عالية الجودة فائقة القدرة لتجبن اللبن كبديل للرينين الحيواني.

يصلح هذا الإنزيم للتطبيق فى مجال صناعة الأجبان بشكل واسع نظرا لصلاحيته للعمل على العديد من أنواع الألبان وتحت ظروف حرارية وحامضية مختلفة.

٤- التنقية الجزئية للإنزيم الخام المستخلص سواء" من الأزهار أو من البذور كأفضل مصادر لهذه الإنزيمات عند درجة حرارة منخفضة وذلك للحصول علي جزء إنزيمي يتمتع بأعلي نشاط إنزيمي.

٥- دراسة خصائص الإنزيم الخام والمنقي جزئيا.

٦- تقدير الثوابت الحركية للإنزيم النقي جزئيا (Km , Vmax) مع دراسة ثبات الإنزيم تحت تأثير كل من الحرارة و درجة pH.

٧- تطبيق إستخدام الإنزيم النقي جزئيا والذي تم اختياره علي عينات من الألبان المحلية وذلك في الظروف المثلي.

ولتحقيق ذلك تم إجراء الدراسات التالية:-

مسح جميع أجزاء النبات لاختيار أفضل الأجزاء النباتية في نشاطها الإنزيمي.

وقد تم مسح جميع أجزاء النبات وقد تميزت خلاصة البذور ثم الأزهار بأعلي نشاط إنزيمي لتجبن اللبن, لذلك تم استكمال الدراسة عليهما.

تأثير عوامل الإستخلاص المختلفة لاختيار أفضلها في إستخلاص الإنزيم المجبن للألبان.

تم استخلاص الإنزيم بكل من الماء المقطر أو كلوريد الصوديوم (٠,٩ % , وزن : حجم) أو محلول منظم السترات (٠,١ مولر، ٦,٢ pH) وقد أعطي المحلول المنظم أفضل النتائج وأعلي نشاط إنزيمي.

التنقية الجزئية لإنزيم شبيه الرينين الخام في خلاصة كل من البذور والأزهار.

لقد تم ذلك بالترسيب التجزيئي بكل من كبريتات الأمونيوم أو الإيثانول او الأسيتون وأيضا باستخدام الترسيب الكلى بالإيثانول أو الأسيتون، ومن جميع الأجزاء التى تم الحصول عليها ، ولقد وجد أن الجزء الراسب عند ٥٠% بالترسيب الكلى بكبريتات الأمونيوم لخلاصة البذور تميز بأعلى نشاط إنزيمى نوعى وبدرجة نقاء ١,٦٢ مرة.

دراسة الخصائص الإنزيمية والحركية للإنزيم المنقي جزئيا.

وقد اظهرت الدراسة التركيز الإنزيمي الأمثل هو ٦ مللي جرام بروتين/ملليلتر ، ١٠% (وزن :حجم) هو التركيز الأمثل لمادة التفاعل (اللبن المجفف منزوع الدسم)، ٢٠ مللي

الملخص العربى

دراسات كيميائية حيوية علي الإستغلال الغير تقليدي لإنزيمات النبات البري المصري شوك الجمل(*Silybum marianum*) لإستخدامها في بعض الصناعات الغذائية والدوائية

تستخدم إنزيمات المنفحة فى إنتاج الأجبان. والعديد من الأجبان يتم تصنيعها باستخدام الإنزيمات المحللة للبروتينات ومن أشهر الأنواع وأكثرها إستخداما هى إنزيمات المنفحة (الرينين) سابقة الذكر والمستخرجة من معدة العجول الرضيعة وقد قل إستخدامها فى السنوات الأخيرة نظرا لحظر ذبح العجول الرضيعة وأيضا لتلافى التلوث فى بعض منها. ونظرا لتفاوت إنتاج إنزيمات الرينين الحيواني وقلة المتاح منها تدريجيا, فإن جهودا كبيرة تتجه لاستنباط العديد من البدائل وذلك من مصادر مختلفة مثل المصادر الميكروبية أو النباتية وأيضا تلك المهندسة وراثيا.

تعتبر المصادر النباتية لإنزيمات التجبن هي البديل الأكثر أمانا للرينين, كما أنها تحظي باهتمام كبير من الباحثين في هذا المضمار وذلك لكونها البديل الجيد للرينين, خاصة مع توفر نبات شوك الجمل سواء البري أوالمستزرع، وتتميز هذه الأنواع من الإنزيمات النباتية بأنها سهلة الإستخلاص ولاتحتاج إلي تنقية كاملة مع كفاءتها العالية في صناعة الأجبان, كما أنها عالية الأمان صحيا. والدراسة الحالية تركز على إستخلاص الإنزيم شبيه الرينين من النبات البري المصري شوك الجمل (*Silybum marianum*) وصلاحية إستخدامه في صناعة الأجبان.

و قد شملت هذه الدراسة ما يلى:-

١- تجميع عدد من العينات النباتية من مواقع مختلفة في موسم الإزهار و موسم إنتاج البذور.

٢- دراسة كفاءة الإنزيمات في خلاصات أجزاء النبات المختلفة (الساق- الأوراق -الأزهار- الجذور- البذور).

٣- تحديد الظروف المثلي للإستخلاص.

اسم الطالب: وائل عبد المنعم محمد حسن العيلي **الدرجة:** ماجستير

عنوان الرسالة: دراسات كيميائية حيوية على الإستغلال الغير تقليدي لإنزيمات النبات البري المصري (*Silybum marianum*) لإستخدامها في بعض الصناعات الغذائية والدوائية

المشرفون: **دكتور :** أحمد محمود ابو العينين
دكتور: سيد عبد القادر فايد
دكتور: عبد المحسن صابر إسماعيل
قسم: الكيمياء الحيوية الزراعية **فرع:** كيمياء حيوية تاريخ المنح: ٢٠١٣/٤/٨

المستخلص العربي

النبات البري المصري شوك الجمل *Silybum marianum* يحتوي علي إنزيمات عالية الجودة فائقة القدرة علي تجبن الألبان .حيث أبدي المستخلص الإنزيمي للبذور أعلي نشاط إنزيمي لتجبن اللبن كبديل لإنزيم الرينين الحيواني، وقد أمكن إستخلاص هذه الإنزيمات من أزهار وبذور النبات المذكور وإجراء التنقية الجزئية عليها بعدة عوامل وهي كبريتات الأمونيوم والإيثانول والأسيتون إما بالترسيب الكلي او التجزيئي، وقد أسفر ذلك عن الحصول علي جزء إنزيمي فائق النشاط من خلاصة البذوروذلك بالترسيب الكلي عند تشبع ٥٠% كبريتات الأمونيوم وأبدي هذا الجزء الإنزيمي صفات هامة ومطابقة لمواصفات التشغيل في الصناعة. حيث كانت الخصائص الحركية المثالية كما يلي: التركيز الإنزيمي الأمثل ٦ مللي جرام بروتين/ملليلتر إنزيم ،١٠% (وزن :حجم) تركيز مادة التفاعل (اللبن المجفف منزوع الدسم)، ٢٠ مللي مولار كلوريد الكالسيوم، درجة الحرارة المثلي ٥٥° م، درجة أس هيدروجيني ٥,٢ كما أن الثوابت الحركية للإنزيم علي مادة التفاعل: ثابت ميكائيليس ٣,٩٨% (وزن : حجم) والسرعة القصوي ١٠٨,١٤ وحدة نشاط للتجبن/ دقيقة. وقد نجح هذا الجزء الإنزيمي المنقي جزئيا في التطبيق علي العديد من أنواع الالبان سواء الطازجة او المجففة وأعطي نتائج جيدة فى تخثر هذه الألبان. لذا فتعتبر الدراسة ذات صفة تطبيقية في هذا المجال.

الكلمات الدالة: شوك الجمل، الرينين النباتي، إنزيمات تجبن اللبن، صناعة الأجبان، التنقية الجزئية، ثابت ميكائيليس للإنزيم النباتي، السرعة القصوي للإنزيم النباتي.

دراسات كيميائية حيوية علي الإستغلال الغير تقليدي لإنزيمات النبات البري المصري (*Silybum marianum*) لإستخدامها في بعض الصناعات الغذائية والدوائية

رسالة ماجستير
في العلوم الزراعية
(كيمياء حيوية)

مقدمة من

وائل عبد المنعم محمد حسن العيلي
بكالوريوس في العلوم الزراعية (كيمياء حيوية)، كلية الزراعة، جامعة عين شمس، ٢٠٠٦

لجنة الإشراف

دكتور/ أحمد محمود ابو العينين
أستاذ الكيمياء الحيوية، كلية الزراعة، جامعة القاهرة

دكتور/ سيد عبد القادر فايد
أستاذ مساعد الكيمياء الحيوية، كلية الزراعة، جامعة القاهرة

دكتور/ عبد المحسن صابر إسماعيل
أستاذ باحث، كيمياء المنتجات الطبيعية والميكروبية، المركز القومي للبحوث

دراسات كيميائية حيوية علي الإستغلال الغير تقليدي لإنزيمات النبات البري المصري (*Silybum marianum*) لإستخدامها في بعض الصناعات الغذائية والدوائية

رسالة ماجستير
في العلوم الزراعية
(كيمياء حيوية)

مقدمة من

وائل عبد المنعم محمد حسن العيلي

بكالوريوس في العلوم الزراعية (كيمياء حيوية)، كلية الزراعة، جامعة عين شمس، ٢٠٠٦

لجنة الحكم

دكتور/ أحمد محمود ابو العينين ....

أستاذ الكيمياء الحيوية، كلية الزراعة، جامعة القاهرة

دكتور/ سمير عبد المنعم احمد ....

أستاذ الكيمياء الحيوية، كلية الزراعة، جامعة القاهرة

دكتورة/ نهاد محمد زكي أدهم ....

أستاذ باحث كيمياء المنتجات الطبيعية والميكروبية، المركز القومي للبحوث

دكتور/ سيد عبد القادر فايد ....

أستاذ مساعد الكيمياء الحيوية، كلية الزراعة، جامعة القاهرة

التاريخ : ٢٠١٣/٤/٨

دراسات كيميائية حيوية علي الإستغلال الغير تقليدي لإنزيمات النبات البري المصري (*Silybum marianum*) لإستخدامها في بعض الصناعات الغذائية والدوائية

رسالة مقدمة من

وائل عبد المنعم محمد حسن العيلي
بكالوريوس في العلوم الزراعية (كيمياء حيوية)، كلية الزراعة، جامعة عين شمس، ٢٠٠٦

للحصول علي درجة

الماجستير

في

العلوم الزراعية

(كيمياء حيوية)

قسم الكيمياء الحيوية الزراعية
كلية الزراعة
جامعة القاهرة
مصر

٢٠١٣

MIX
Papier aus verantwortungsvollen Quellen
Paper from responsible sources
FSC® C105338

Printed by Books on Demand GmbH, Norderstedt / Germany